SO ÜBERLEBT DEINE ZIMMERPFLANZE GARANTIERT

SO ÜBERLEBT DEINE ZIMMERPFLANZE GARANTIERT

SCHNELLKURS GRÜNER DAUMEN

Veronica Peerless

DK

INHALT

EINE PFLANZE FINDEN

LANZENROSETTE
Aechmea fasciata
S. 32–33

FLAMMENDES SCHWERT
Vriesea splendens
S. 33

GUZMANIE
Guzmania lingulata
S. 33

SCHAMBLUME
Aeschynanthus pulcher
S. 34–35

AGAVE
Agave
S. 39

FEDER-SPARGEL
Asparagus setaceus
S. 43

KÖNIGS-BEGONIE
Begonia rex
S. 45

SÄGEBLATTKAKTUS
Disocactus anguliger
S. 35

HAWORTHIE
Haworthia
S. 39

ZIER-SPARGEL
Asparagus densiflorus
Sprengeri-Gruppe
S. 43

ZIMMERHAFER
Billbergia nutans
S. 48–49

PFEILBLATT
Alocasia × amazonica
S. 36–37

FLAMINGOBLUME
Anthurium
S. 40–41

FORELLEN-BEGONIE
Begonia maculata
S. 44–45

BLAUE TILLANDSIE
Tillandsia cyanea
S. 49

ECHTE ALOE
Aloe vera
S. 38–39

ZIER-SPARGEL
Asparagus densiflorus
'Myersii'
S. 42–43

ELATIOR-BEGONIE
Begonia **Elatior-Gruppe**
S. 45

NEOREGELIE
Neoregelia carolinae
fo. ***tricolor***
S. 49

Fortsetzung

KORBMARANTE
Calathea
S. 50–51

EFEUTUTE
Epipremnum
S. 53

ERBSENPFLANZE
Senecio rowleyanus
S. 57

ALPENVEILCHEN
Cyclamen persicum
S. 60–61

PFEILWURZ
Maranta
S. 51

ZIMMERREBE
Cissus rhombifolia
S. 53

LEUCHTERBLUME
Ceropegia woodii
S. 57

ZIMMER-AZALEE
Rhododendron simsii
S. 61

BLUMENMARANTE
Stromanthe
S. 51

RIEMENBLATT
Clivia miniata
S. 54–55

KAMM-MARANTE
Ctenanthe burle-marxii
S. 58–59

DIEFFENBACHIE
Dieffenbachia
S. 62–63

GRÜNLILIE
Chlorophytum comosum
'Bonnie'
S. 52–53

GELDBAUM
Crassula ovata
S. 56–57

KROTON
Codiaeum variegatum
S. 59

VERÄNDERLICHE PURPURTUTE
Syngonium podophyllum
S. 63

DREIECKIGER GLÜCKSKLEE
Oxalis triangularis
S. 63

DRACHENBAUM
Dracaena fragrans
S. 68–69

ECHEVERIE
Echeveria
S. 72–73

GEIGEN-FEIGE
Ficus lyrata
S. 76–77

VENUSFLIEGENFALLE
Dionaea muscipula
S. 64–65

SCHMALBLÄTTRIGER GERANDETER DRACHENBAUM
Dracaena marginata *S. 69*

ROSETTEN-DICKBLATT
Aeonium
S. 73

BIRKEN-FEIGE
Ficus benjamina
S. 77

SCHLAUCHPFLANZE
Sarracenia
S. 65

GERANDETER DRACHENBAUM
Dracaena reflexa
S. 69

TIGERRACHEN
Faucaria
S. 73

GUMMIBAUM
Ficus elastica
S. 77

KANNENPFLANZE
Nepenthes
S. 65

GLÜCKSBAMBUS
Dracaena sanderiana
S. 70–71

WEIHNACHTSSTERN
Euphorbia pulcherrima
S. 74–75

SILBERNETZBLATT
Fittonia
S. 78–79

Fortsetzung

SAMTPFLANZE
Gynura aurantiaca
S. 79

ZIMMERARALIE
Fatsia japonica
S. 81

GOLDFRUCHTPALME
Dypsis lutescens
S. 85

CALANDIVA
Kalanchoe
Calandiva®-Serie
S. 91

PUNKTBLUME
Hypoestes phyllostachya
S. 79

AMARYLLIS
Hippeastrum
S. 82–83

PORZELLANBLUME
Hoya carnosa
S. 88–89

KROKODILFARN
Microsorum musifolium
S. 92–93

EFEU
Hedera helix
S. 80–81

KENTIAPALME
Howea fosteriana
S. 84–85

ZWERG-PORZELLANBLUME
Hoya bella *S. 89*

SCHWERTFARN
Nephrolepis exaltata
'Bostoniensis'
S. 93

JAPANISCHE AUKUBE
Aucuba japonica
S. 81

ZIERLICHE BERGPALME
Chamaedorea elegans
S. 85

FLAMMENDES KÄTHCHEN
Kalanchoe blossfeldiana
S. 90–91

NESTFARN
Asplenium nidus
S. 93

MIMOSE
Mimosa pudica
S. 94–95

HASENOHRKAKTUS
Opuntia microdasys
S. 98-99

ZWERGPFEFFER
Peperomia rotundifolia
S. 101

PHILODENDRON IMPERIAL RED
Philodendron
'Imperial Red'
S. 108–109

GROSSES FENSTERBLATT
Monstera deliciosa
S. 96-97

MÖNCHSKAPPE
Astrophytum ornatum
S. 99

ZWERGPFEFFER
Peperomia polybotrya
S. 101

KLETTER-PHILODENDRON
Philodendron scandens
S. 109

Thaumatophyllum xanadu
S. 97

REBUTIA-KAKTUS
Rebutia
S. 99

SCHMETTERLINGS-ORCHIDEE
Phalaenopsis
S. 102–103

ROTBLÄTTRIGER PHILODENDRON
Philodendron erubescens
S. 109

GESCHLITZTES FENSTERBLATT
Monstera adansonii
S. 97

SILBERBLATT-PEPEROMIE
Peperomia argyreia
S. 100–101

GOLDTÜPFELFARN
Phlebodium aureum
S. 104–105

UFOPFLANZE
Pilea peperomioides
S. 110–111

Fortsetzung

EINGEHÜLLTE KANONIERBLUME
Pilea involucrata **'Moon Valley'** *S. 111*

USAMBARAVEILCHEN
Saintpaulia
S. 114–115

RUNDBLÄTTRIGE LIVINGSTONPALME
Saribus rotundifolius
S. 118–119

GLANZKÖLBCHEN
Aphelandra squarrosa
S. 121

VIETNAMESISCHE KANONIERBLUME
Pilea cadierei *S. 111*

SCHWIEGERMUTTERZUNGE
Sansevieria trifasciata
S. 116–117

FISCHSCHWANZPALME
Caryota mitis
S. 119

WEIHNACHTSKAKTUS
Schlumbergera × buckleyi
S. 122–123

GEWEIHFARN
Platycerium bifurcatum
S. 112–113

BOGENHANF
Sansevieria cylindrica
S. 117

ZWERG-DATTELPALME
Phoenix roebelenii
S. 119

OSTERKAKTUS
Schlumbergera gaertneri
S. 123

GROSSER GEWEIHFARN
Platycerium grande
S. 113

SÄULEN-EUPHORBIE
Euphorbia trigona
S. 117

STRAHLENARALIE
Schefflera arboricola
S. 120–121

BINSENKAKTUS
Rhipsalis baccifera
S. 123

EINBLATT
Spathiphyllum
S. 124–125

DREHFRUCHT
Streptocarpus
S. 130–131

BUNTNESSEL
Solenostemon
S. 135

GLÜCKSFEDER
Zamioculcas zamiifolia
S. 138–139

KOLBENFADEN
Aglaonema
S. 125

GLOXINIE
Sinningia speciosa
S. 131

PALMLILIE
Yucca elephantipes
S. 136–137

JAPANISCHER SAGOPALMFARN
Cycas revoluta
S. 139

SCHUSTERPALME
Aspidistra
S. 125

TILLANDSIEN
Tillandsia
S. 132–133

KEULENLILIE
Cordyline fruticosa
S. 137

GLÜCKSKASTANIE
Pachira aquatica
S. 139

PARADIESVOGELBLUME
Strelitzia reginae
S. 128–129

ZEBRAKRAUT
Tradescantia zebrina
S. 134–135

ELEFANTENFUSS
Beaucarnea recurvata
S. 137

DIE BASICS

WAS ZIMMERPFLANZEN
BRAUCHEN

KAUFEN

Hole dir deine Zimmerpflanze möglichst aus einer Gärtnerei oder einem guten Gartencenter, wo man sie ordentlich gepflegt hat. Hier einige Tipps, was du beim Kauf beachten solltest – und wie du deine Neuerwerbung nach Hause bringst, ohne ihr den Garaus zu machen!

FORM

Deine Pflanze sollte eine schöne Form haben. Gut ist ein buschiger, schlecht ein langtriebiger, lichter Wuchs.

Dieffenbachia **(S. 62–63)**

SUBSTRAT

Ist die Pflanzerde feucht? Tropfnasses oder ausgetrocknetes Substrat deutet darauf hin, dass man es mit dem Wässern nicht so genau nimmt.

WURZELN

Wenn auf der Substratoberfläche viele Wurzeln zu sehen sind und sie zudem aus den Abzugslöchern drängen, steht die Pflanze schon viel zu lange in einem zu engen Topf. Sie ist nicht mehr in gutem Zustand. Lasse am besten die Finger davon.

BLÜTENPFLANZEN

Eine Blütenpflanze sollte sowohl Blüten als auch Knospen haben. Sie blüht länger, weil sie noch ungeöffnete Blüten hat, die nachrücken und Verblühtes ersetzen. Nimm keine Exemplare mit fest geschlossenen Knospen, da sie sich eventuell nicht mehr öffnen.

Chrysantheme

VERPACKEN

Der beste Zeitpunkt für den Kauf einer Zimmerpflanze ist das Frühjahr oder der Sommer. In dieser Zeit ist es meistens warm, sodass die Pflanze vom plötzlichen Wechsel der Temperatur und der Standortbedingungen nicht zu stark geschockt ist. Bei einem Kauf im Winter musst du deine Neuerwerbung gut einpacken, sonst kann sie Knospen oder Blätter abwerfen und sogar erfrieren. Besonders kälteempfindlich sind Weihnachtssterne.

Weihnachtsstern (S. 74–75)

ZUSTAND

Die Blätter sollten frisch aussehen und eine gute Farbe haben. Ungesunde braune oder gelbe Stellen sind ein Alarmzeichen.

SCHÄDLINGE UND KRANKHEITEN

Untersuche die Pflanze auf Schädlinge und Krankheiten, vor allem die Blattunterseiten (siehe auch S. 24–27 und S. 28–29).

EINTOPFEN & AUFSTELLEN

Du hast deine Pflanze sicher nach Hause gebracht. Schau nach ob ihr Topf Abzugslöcher hat, und suche ihr einen passenden Standort. Ist sie optimal eingetopft und gut platziert, stehen die Chancen gut, dass sie gesund und schön bleibt.

WIE MAN EINTOPFT

Die meisten Zimmerpflanzen werden in Plastiktöpfen mit Abzugslöchern verkauft. Man kann sie einfach in Übertöpfe stellen. Andere stecken bereits in dekorativen Gefäßen ohne Abzugslöcher. Hier ist es schwer abzuschätzen, ob sich Wasser am Boden sammelt und die Wurzeln faulen lässt. Am besten setzt man solche Gewächse in Plastiktöpfe mit Abzugslöchern um und stellt sie anschließend in ein schöneres Gefäß.

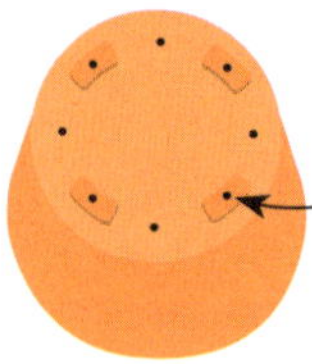

PFLANZEN IN PLASTIKTÖPFEN

Prüfe, ob das Kunststoffgefäß Abzugslöcher im Boden hat.

UMTOPFEN IN EINEN PLASTIKTOPF

Wird die Pflanze nur im Dekorgefäß verkauft, siedelt man sie in einen Topf mit Abzugslöchern um. Diesen kann man dann in einen hübschen Übertopf stellen.

WOHIN DAMIT?

Du suchst nach dem optimalen Standort für deine Pflanze? Dann überlege, was ihrem natürlichen Lebensraum am nächsten kommt. Regenwaldpflanzen etwa aus der Bodenschicht vertragen keine pralle Sonne. Nicht vergessen: Der Pflanze muss der Platz behagen, nicht dir.

TEMPERATUR

Die meisten Zimmerpflanzen fühlen sich unter ähnlichen Bedingungen wohl wie wir: Tagsüber mögen sie es warm, nachts etwas kühler. Efeu und Alpenveilchen brauchen generell niedrigere Temperaturen. Kaum eine Zimmerpflanze verträgt starke Temperaturschwankungen. Stelle sie nicht:

→ neben einen Heizkörper
→ neben eine Klimaanlage
→ an einen zugigen Platz
→ nachts an ein Fenster hinter einem Vorhang

Halte am besten ein Thermometer griffbereit.

LICHT

Alle Pflanzen brauchen Licht, manche mehr, andere weniger. Die meisten Zimmerpflanzen bevorzugen einen hellen Standort mit indirektem oder gefiltertem Licht ohne pralle Sonne. Ideal platziert sind sie in der Regel etwa 1 m vor einem Nord-, Ost- oder Westfenster. Vorsicht: Die Lichtverhältnisse ändern sich mit den Tages- und Jahreszeiten.

Echte Aloe (S. 38–39)

LUFTFEUCHTIGKEIT

Viele Zimmerpflanzen stammen aus tropischen Regionen mit hoher Luftfeuchtigkeit. Sie kommen zwar mit trockener Luft zurecht, darben aber in Räumen, die sehr warm sind oder Zentralheizung haben. Ideal sind für solche Zimmer Arten aus trockeneren Lebensräumen, etwa Kakteen und Sukkulenten. Tropenpflanzen sollten ein Stück weit weg von direkten Wärmequellen wie Heizkörpern oder gleich in Räume mit höherer Luftfeuchtigkeit, wie Bäder oder Küchen, gestellt werden. In den wärmeren Monaten öffnet man die Fenster, denn draußen ist die Luft feuchter als drinnen. Manche Gewächse, etwa Farne, eignen sich gut für die feuchte Umgebung eines Terrariums. Früher riet man, Pflanzen zu besprühen oder auf eine mit Wasser und Kieseln gefüllte Schale zu stellen, inzwischen aber weiß man, dass das nur eine sehr begrenzte und kurzfristige Wirkung hat.

Schwertfarn (S. 93)

Zierliche Bergpalme (S. 85)

Kentiapalme (S. 84–85)

WÄSSERN

Wenn Zimmerpflanzen eingehen, liegt es meist daran, dass sie falsch – und vor allem zu viel – gewässert werden. Hier erfährst du, wie du gesunde Gewächse gießt und welke rettest.

WIE MAN WÄSSERT

Die meisten Pflanzen lassen sich gut von oben wässern, doch wenn sie Blätter haben, die behaart sind oder die Erde bedecken, solltest du nicht direkt auf das Laub gießen. Orchideen kann man ins Wasser stellen – so nimmt ihr grobes Substrat die optimale Flüssigkeitsmenge auf. Anschließend lässt man den Topf abtropfen. Wässere mit lauwarmem Wasser, um einen Kälteschock zu vermeiden. Außerdem lohnt es sich, Regenwasser aufzufangen: Manche Pflanzen, etwa Bromelien oder fleischfressende Arten, reagieren empfindlich auf Mineralien in hartem Leitungswasser. Nimm jede Pflanze aus dem Übertopf oder Untersetzer, damit sie nicht im Wasser steht.

VON OBEN

Für die meisten Pflanzen ist eine Gießkanne mit langer Tülle ideal. So kann man das Substrat gut erreichen. Befeuchte die Erde um den Ansatz der Pflanze gleichmäßig. Überschüssiges Wasser lässt man ablaufen.

Dieffenbachie
(S. 62–63)

VON UNTEN

Wenn Blätter nass werden, können sie fleckig werden oder sogar faulen. Stelle den Topf deshalb rund 30 Minuten lang in einen wassergefüllten Untersetzer, danach das Wasser abgießen.

Alpenveilchen
(S. 60–61)

UNTERTAUCHEN

Orchideen werden auf diese Art und Weise gewässert: Stelle den Topf etwa 10 Minuten lang in ein mit lauwarmem Wasser gefülltes Gefäß. Anschließend lässt man ihn gut abtropfen.

Phalaenopsis
(S. 102–103)

WIE VIEL WÄSSERN?

Wann muss gewässert werden? Und wenn ja, wie stark? Um das herauszufinden, solltest du Folgendes in Betracht ziehen:

→ **Zu starkes Wässern** ist der Hauptgrund für ruinierte Zimmerpflanzen. Zu wenig Wasser tut deinen Gewächsen aber auch nicht gut.

→ **Gieße nicht stur nach Zeitplan –** richte dich lieber nach dem individuellen Bedarf deiner Pflanze. Die meisten Gewächse müssen erst gegossen werden, wenn die obersten 1–2 cm des Substrats trocken sind. Du kannst das prüfen, indem du den Finger in die Erde steckst. Hat eine Pflanze eine Blattrosette, die das Substrat bedeckt, musst du allerdings anhand des Topfgewichts herausfinden, ob noch genug Wasser im Topf ist.

→ **Das Substrat sollte feucht,** aber nicht nass sein. Die meisten Zimmerpflanzen vertragen kein sumpfiges Milieu. Überschüssiges Wasser lässt man ablaufen.

→ **In Tongefäßen** trocknet Substrat schneller aus als in einem Plastik- oder Keramiktopf, da Ton porös ist und das Gießwasser schneller verdunstet.

→ **Die meisten Pflanzen brauchen im Winter weniger Wasser,** da sie in dieser Zeit nicht wachsen. Einige fordern sogar eine Winterruhe ein, um wieder blühen zu können.

ZU WENIG WASSER

Welkt deine Pflanze, kann es am Wassermangel liegen. Prüfe auf jeden Fall das Substrat, denn sie kann auch welken, weil sie zu stark gegossen wurde.

DIE RETTUNG *Bring deine Pflanze an einen schattigen Platz und fülle eine Schüssel mit lauwarmem Wasser. Tauche die Pflanze nun in ihrem Plastiktopf mit Abzugslöchern in das Wasser; ggf. muss er beschwert werden. Lasse den Topf etwa 30 Minuten im Wasser stehen, nimm ihn dann heraus und lasse ihn abtropfen. Binnen einer Stunde sollte die Pflanze sich wieder erholen.*

Einblatt
(S. 124–125)

ZU VIEL WASSER?

Auch zu viel Wasser kann Pflanzen welken lassen. Es befördert sie sogar noch schneller ins Jenseits als zu wenig Wasser.

DIE RETTUNG *Hole die Pflanze aus dem Topf und wickle den Ballen in Zeitungs- oder Küchenpapier – ggf. auch mehrmals, bis das Papier die Feuchtigkeit aufgesaugt hat. Setze den Ballen nun in frisches Substrat. Die Pflanze sollte nicht in der prallen Sonne stehen. Halte das Substrat einige Wochen nur ganz leicht feucht.*

Usambaraveilchen
(S. 114–115)

DÜNGEN & PFLEGEN

Um Pflanzen am Leben zu erhalten, braucht man mehr als nur Wasser: Ohne Nährstoffe geht bei den meisten nichts. Außerdem lohnt es sich, das Grün jede Woche kurz abzusuchen und auszuputzen. Aufmerksamkeit lässt Pflanzen gedeihen.

DÜNGEN

Alles Grün braucht Nährstoffe. Fleischfressende Pflanzen holen sie sich selbst, ansonsten aber müssen die meisten Zimmerpflanzen gedüngt werden. Beginne mit der Gabe von Nährstoffen ein paar Wochen, nachdem du dein Prachtstück gekauft hast oder einige Monate nach dem Umtopfen. Im Frühjahr und Sommer gibt man einfach Flüssigdünger ins Gießwasser – in der Regel einmal im Monat. Halte dich dabei an die Dosierempfehlung des Herstellers – ein Zuviel kann der Pflanze schaden. Gedüngt wird am besten, wenn das Substrat bereits feucht ist. So gelangen die Nährstoffe direkt zu den Wurzeln und laufen nicht ungenutzt ab. Mit noch weniger Pflegeaufwand kommt man davon, wenn man Langzeitdüngergranulat oder Düngestäbchen verwendet. Sie geben jedesmal beim Wässern etwas Nährstoffe ab. Im Winter sollten Zimmerpflanzen nicht gedüngt werden, außer es handelt sich um Winterblüher.

WACHSAM BLEIBEN

Lerne deine Mitbewohner kennen! Es reicht schon, sie jede Woche ein, zwei Minuten lang unter die Lupe zu nehmen. So erkennst du Probleme bereits im Ansatz und kannst schnell darauf reagieren. Dann werden deine Pflanzen immer gut aussehen und gesund bleiben.

AUSPUTZEN

Zwicke altes Laub und verwelkte Blüten ab. Das regt die Pflanze zu frischem Flor an und verhindert, dass vertrocknete Blüten auf Blätter fallen und sie faulen lassen.

Entferne altes, vertrocknetes Laub.

Drachenbaum (S. 68–69)

SÄUBERN

Wische Blätter mit einem sauberen, feuchten Tuch ab, denn Staub blockiert Licht. Palmen kann man im Winter auch lauwarm abduschen oder im Sommer bei Regen nach draußen stellen. Behaarte und stachelige Pflanzen werden am besten mit einem weichen Pinsel gereinigt.

Behaartes Laub entstaubt man mit einem Pinsel.

Bei wächsernen Blättern reicht ein feuchtes Tuch.

ABSUCHEN

Vorbeugen ist besser als Heilen. Sieht eine Pflanze krank aus, wird sie entweder falsch behandelt oder leidet unter Schädlingen bzw. Krankheiten (siehe S. 24–27 und S. 28–29).

Weiße Fliegen

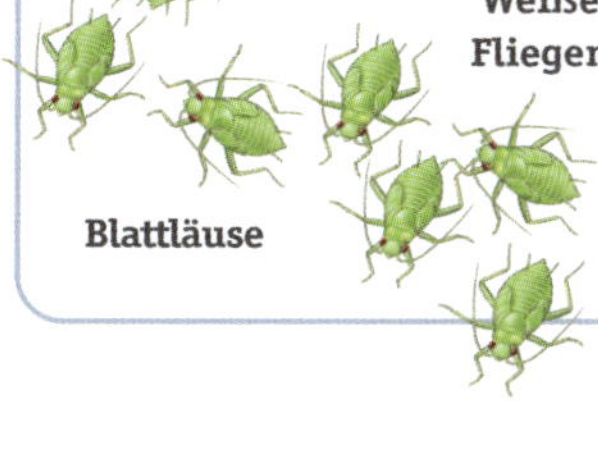

Blattläuse

UMTOPFEN

Früher oder später ist die alte Topferde ausgelaugt. Dann muss eine Pflanze umgetopft werden. In der Regel ist sie mit der Zeit außerdem größer geworden und braucht deshalb ein etwas voluminöseres Gefäß.

WANN MAN UMTOPFT

Die meisten Pflanzen brauchen einen neuen Topf, wenn ihre Wurzeln am Rand des Ballens dicht gedrängt wachsen. Um das zu überprüfen, ziehst du dein Exemplar vorsichtig aus dem Gefäß. Der neue Topf sollte nur geringfügig größer als der alte sein: Rund 5 cm mehr Durchmesser sind ideal. Ist ein Gefäß zu groß, verschwendet man Substrat und erhöht die Gefahr von Staunässe. Die meisten Pflanzen sind mit Blumen- bzw. Universalerde zufrieden, Orchideen, Kakteen und einige andere aber brauchen Spezialerde. Verwende keine Gartenerde. Umgetopft wird am besten im Frühjahr oder Sommer. Manche Gewächse wirken nach dem Umsiedeln etwas mitgenommen, erholen sich normalerweise aber bald.

Dieffenbachie
(S. 62–63)

PFLANZEN IN KLEINEN TÖPFEN
Kleine Pflanzen bekommen einen etwas größeren Topf mit frischem Substrat.

PFLANZEN IN GROSSEN TÖPFEN
Das Umtopfen großer Pflanzen kann zum Kraftakt werden. Eine unkomplizierte Alternative ist die Kopfdüngung. Dazu entfernt man die oberste, 5–8 cm dicke Erdschicht, ohne Wurzeln zu verletzen, und ersetzt sie durch frische Erde.

Geigen-Feige
(S. 76–77)

WIE MAN UMTOPFT

So topfst du Pflanzen korrekt um. Du brauchst: einen neuen Topf und frisches Substrat.

1 Pflanze vor dem Umtopfen noch einmal gründlich wässern. So lässt sie sich leichter aus dem Gefäß holen und ist nicht so stark gestresst.

2 Auf den Boden des neuen, etwas größeren Topfs eine Lage frisches Substrat geben.

3 Pflanze umdrehen und dabei am Ansatz festhalten. Vorsichtig aus dem Topf klopfen.

4 Pflanze in den neuen Topf setzen. Zwischen Substratoberfläche und Topfrand etwas Platz lassen.

5 Um den Wurzelballen herum Substrat einfüllen und leicht festdrücken.

6 Pflanze wässern und überschüssiges Wasser ablaufen lassen.

»Nach dem Umtopfen pflegst du die Pflanze ganz normal weiter.«

SCHÄDLINGE

Unerwünschte Mitesser können einer Pflanze zusetzen oder ihr sogar völlig den Garaus machen. Hier einige Tipps, wie du erste Anzeichen eines Befalls erkennst, und was du tun kannst, um dein Gewächs zu retten.

SCHÄDLINGE STOPPEN

Eine gesunde Pflanze läuft am wenigsten Gefahr, sich Plagegeister einzufangen. Schädlinge befallen bevorzugt gestresste, kranke Exemplare. Sollte es doch einmal zu einem Befall kommen, helfen oft natürliche Bekämpfungs- oder Hausmittel wie eine Brühe aus Schmierseife und Spiritus. Dazu gibt man je 15 ml Schmierseife und Spiritus in 1 l Wasser und sprüht alle 2–3 Tage. Chemische Insektizide und Fungizide sollte man möglichst vermeiden.

Klebefallen (Gelb-Sticker) sind gut gegen Blattläuse, Weiße Fliegen und Thripse. Sie zeigen außerdem die Schwere des Befalls.

Wer viele Zimmerpflanzen auf engem Raum zieht, kann auch natürliche Feinde der Schädlinge einsetzen. Entsprechende Nützlinge können per Post bestellt werden.

Begonie (S. 44–45)

Symbole

Das Symbol zeigt, wo du die Schädlinge findest.

Knospen und Triebe | Blätter | Substrat

»Schädlinge befallen bevorzugt gestresste, kranke Pflanzen.«

SCHÄDLINGE

Folgende Schädlinge entdeckt man oft auf Zimmerpflanzen. Sind Gewächse besonders anfällig für einen Befall, wird auf den jeweiligen Seiten gezielt darauf eingegangen.

WEISSE FLIEGEN

Sie verstecken sich auf der Unterseite des Laubs. Bewegt man die Pflanze, fliegen Wolken winziger weißer Insekten auf.

BEKÄMPFUNG *Stelle die Pflanze kurz nach draußen und spritze die Plagegeister mit einem Wasserstrahl von der Pflanze. Klebefallen in der Nähe dezimieren sie ebenfalls ordentlich.*

Begonienblatt

TRAUERMÜCKEN

Die winzigen braunen oder schwarzen Insekten sitzen auf der Pflanze. Die Weibchen legen ihre Eier in der Topferde ab. Die daraus schlüpfenden Larven ernähren sich von organischer Substanz in der Erde, können aber auch die Wurzeln schädigen. Gesunde Pflanzen halten sie aus, schwache nicht.

BEKÄMPFUNG *Lasse die obersten 1–2 cm der Topferde austrocknen (was den meisten Pflanzen sowieso behagt). Ein Gelb-Sticker lockt die Tiere von der Pflanze weg. Bedecke die Oberfläche des Substrats mit einer Schicht feinem Kies, damit die Mücken ihre Eier nicht mehr in die Erde legen können.*

MINIERFLIEGEN

Die Larven der Fliegen verursachen braune, weiße oder durchscheinende Fraßgänge, manchmal auch weiße Flecken auf den Blättern.

BEKÄMPFUNG
Befallene Blätter sorgfältig entfernen. Da man die Larven im Gegenlicht gut erkennt, kann man sie einfach zerdrücken.

Die Larven fressen Gänge in die Blätter.

Chrysanthemenblatt

THRIPSE

Thripse oder Fransenflügler sind winzige braune oder schwarze, Saft saugende Insekten. Man findet sie auf Pflanzen, die eine Weile draußen standen. Befallszeichen sind matte, fleckige Blätter, silbrig weiße Streifen auf Blättern oder Blüten und Deformierungen.

BEKÄMPFUNG *Mit Blau-Stickern kann man die Schädlinge dezimieren. Hilfreich sind eine Schmierseifen-Spiritus-Brühe oder pyrethrum- bzw. neemhaltige Präparate. Für eine hohe Luftfeuchtigkeit sorgen.*

Fleckige Blätter

Krotonblatt

Fortsetzung

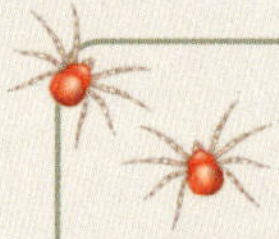

ROTE SPINNMILBEN

Achte auf bleiches oder gesprenkeltes Laub, Spinnfäden zwischen den Blättern und Trieben sowie abfallende Blätter. Mit einem Vergrößerungsglas erkennt man auf der Unterseite der Blätter die Milben.

BEKÄMPFUNG *Wirkung zeigen biologische Bekämpfungsmethoden wie der Einsatz von Raubmilben oder Präparate auf Paraffinöl-Basis. Rote Spinnmilben mögen es heiß und trocken. Durch tägliches Besprühen zur Erhöhung der Luftfeuchtigkeit kann man sie fernhalten.*

Efeublatt (S. 80–81)

»Suche deine Pflanzen regelmäßig ab und reagiere rechtzeitig.«

DICKMAUL-RÜSSLER

Wenn deine Pflanze welkt und einzugehen droht, obwohl sie weder zu viel noch zu wenig gewässert wurde, können die Larven des Dickmaulrüsslers schuld daran sein. Man findet sie oft im Substrat von Exemplaren, die eine Weile draußen gestanden haben. Dort fressen sie Wurzeln, Zwiebeln oder Knollen an.

BEKÄMPFUNG *Käfer absammeln und die Pflanze umtopfen, dabei sorgfältig die alte Erde entfernen. Gegen die Larven hilft auch der Einsatz von Nematoden. Sind die Wurzelschäden zu groß, ist die Pflanze verloren.*

Suche das Substrat nach Larven ab.

Echeverie (S. 72–73)

BLATTLÄUSE

Blattläuse können grün, schwarz, grau oder orange sein. Sie setzen sich an Triebspitzen oder Blütenknospen fest und saugen dort Saft. Sie sondern ein Sekret namens Honigtau ab, das von Schwärzepilzen besiedelt wird. Außerdem können sie Viren übertragen.

BEKÄMPFUNG *Man duscht die Pflanze kräftig ab. Die Läuse zerdrückt man mit den Fingern oder bekämpft sie mit Gelb-Stickern oder Präparaten z. B. auf der Basis von Kaliseife.*

Silbernetzblatt (S. 78–79)

SCHILDLÄUSE

Die napfartigen Läuse sitzen wie braune Klumpen an den Trieben und Blattunterseiten. Sie sondern einen klebrigen Saft ab, auf dem sich Schwärzepilze ansiedeln können. Werden sie nicht bekämpft, schwächen sie die Pflanze und lassen die Blätter gelb werden.

BEKÄMPFUNG *Man zerreibt die Schildläuse und behandelt befallene Stellen mit einem Präparat, z. B. auf Basis von Paraffinöl. Auch das Einsprühen mit einer Schmierseifen-Spiritus-Brühe kann helfen.*

Strahlenaralie (S. 120–121)

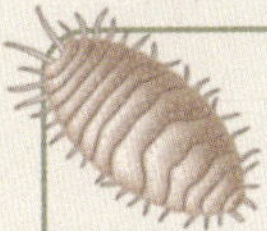

WOLLLÄUSE

Wollläuse, auch Schmierläuse genannt, sind langsam kriechende, mit weißem Flaum bedeckte Insekten. Sie setzen sich in Blattachseln und auf der Blattunterseite fest, saugen Saft und sondern klebrigen Honigtau ab, auf dem sich Schwärzepilze festsetzen. Blätter können gelb werden und abfallen.

BEKÄMPFUNG *Wische die Tiere mit einem feuchten Tuch ab. Wirksam sind auch paraffinölhaltige Präparate oder das Einsprühen mit einer Schmierseifen-Spiritus-Brühe. Wollläuse sind allerdings schwer loszuwerden. Stark befallene Pflanzen sollten entsorgt werden.*

Orchidee (S. 102–103)

KRANKHEITEN

Eine gute Pflege ist die beste Vorbeugung gegen Pflanzenprobleme. Trotzdem sollte man auf der Hut bleiben. So erkennt und bekämpft man Krankheiten, die Gewächse heimsuchen.

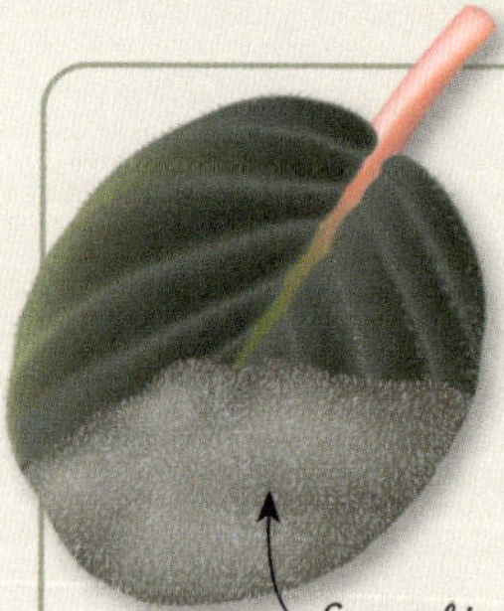

Usambaraveilchen
(S. 114–115)

BOTRYTIS (GRAUSCHIMMEL)

Auf der Pflanze macht sich ein grauer Schimmel breit, vor allem in kühlen, feuchten und beengten Verhältnissen.

BEKÄMPFUNG

Die Pflanze von unten wässern, damit die Blätter nicht nass werden. Befallene Stellen und schimmliges Substrat entfernen. Die Pflanze mit Schachtelhalmbrühe behandeln. Weniger wässern und sprühen und die Durchlüftung verbessern.

Alpenveilchen
(S. 60–61)

WURZELHALS- UND STÄNGELFÄULE

Der Ansatz der Pflanze fault. Schuld sind meist zu starkes Wässern oder zu kühle Bedingungen.

BEKÄMPFUNG

Durch Herausschneiden befallener Pflanzenteile sowie durch Umtopfen kann man versuchen, die Pflanze zu retten. Wässere weniger und stelle die Pflanze an einen warmen, gut durchlüfteten Platz.

Ufopflanze
(S. 110–111)

ECHTER MEHLTAU

Weiße, staubähnliche Flecken bilden sich auf Blättern und Trieben. Echter Mehltau kommt auf eng zusammenstehenden oder zu trocken gehaltenen Pflanzen häufiger vor. Er macht ihnen nicht den Garaus, schwächt sie aber.

BEKÄMPFUNG

Entferne befallenes Laub und sprühe die Pflanze mit einer Milch-Wasser-Mischung (1:8) ein. Verbessere den Luftaustausch.

Zwergpfeffer

KORKFLECKEN

Suche die Blattunterseite nach korkigen Flecken ab. Ursache sind Staunässe, hohe Luftfeuchtigkeit und Lichtmangel.

BEKÄMPFUNG

Wässere weniger, sorge für trockenere Luft und stelle die Pflanze an einen helleren Platz.

Strahlenaralie (S. 120–121)

SCHWÄRZEPILZE

Der schwarze Pilzüberzug gedeiht auf den Ausscheidungen von Blattläusen, Weißen Fliegen sowie Schild- und Wollläusen.

BEKÄMPFUNG

Wische den Überzug mit einem feuchten Tuch weg und befreie die Pflanze von den Schädlingen (siehe S. 24–27).

Porzellanblume (S. 88–89)

VIREN

Geflecktes, marmoriertes Laub, Kümmerwuchs und weiße Streifen auf Blüten deuten auf einen Virenbefall hin.

BEKÄMPFUNG

Viren werden von Schädlingen übertragen, doch kann die Pflanze bereits infiziert gekauft worden sein. Ein Gegenmittel gibt es nicht.

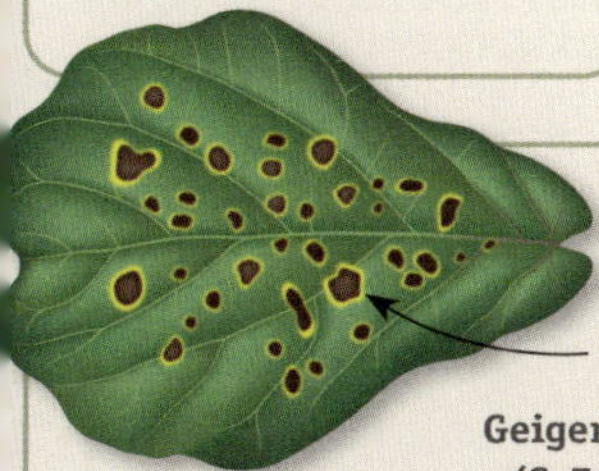

Geigen-Feige (S. 76–77)

BLATTFLECKENKRANKHEIT

Auf dem Laub erscheinen braune oder schwarze Flecken, oft mit gelbem Rand. Das ganze Blatt kann welken. Ursache sind Pilze oder Bakterien. Die Befallsgefahr ist bei hoher Luftfeuchtigkeit und unter beengten Bedingungen größer.

BEKÄMPFUNG *Entferne befallene Blätter und sorge für eine ausgewogene Düngung. Sorge für trockene Luft und mehr Platz.*

WURZELFÄULE

Die Pilzinfektion befällt die Wurzeln. Sie lässt Blätter gelb, später braun werden und welken. Irgendwann fällt die ganze Pflanze um. Erkrankte Wurzeln sind weich und dunkel. Ursache ist zu starkes Wässern.

BEKÄMPFUNG *Hole die Pflanze aus der Erde, um die Wurzeln zu prüfen. Schneide befallene Wurzeln ab und lasse nur gesunde übrig. Dann wird die Pflanze zurückgeschnitten. Setze das Gewächs in frische Erde sowie einen desinifizierten Topf. Spezialdünger helfen, die Pflanze zu stärken.*

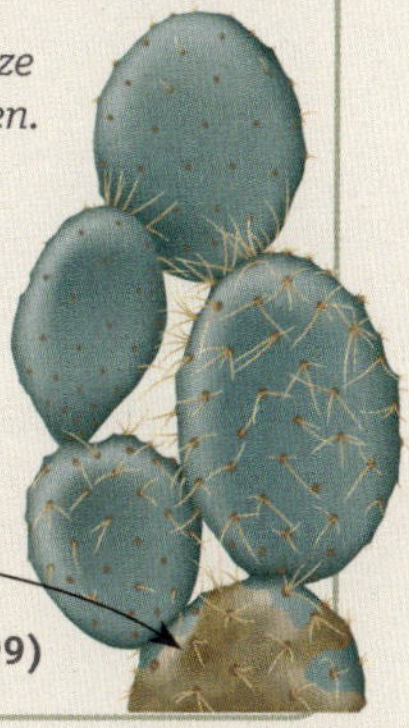

Kaktus (S. 98–99)

ZIMMER-PFLANZEN

WIE DU PFLANZEN OPTIMAL PFLEGST
UND PROBLEME BESEITIGST

LANZENROSETTE

Aechmea fasciata

Lanzenrosetten sind Bromelien mit exotischem Aussehen und lange haltenden Blüten. Die Blattrosette bildet einen Trichter, in dem sich Wasser sammelt.

OPTIMALE PFLEGE

STANDORT

Ein warmer Raum mit 13–27 °C. Wichtig ist gute Luftzirkulation, daher sollte das Fenster häufig geöffnet werden.

LICHT

Viel Licht, aber keine direkte Sonne, sonst versengen die Blätter.

WÄSSERN UND DÜNGEN

Direkt in den Trichter gießen – es sollten immer 2–3 cm Wasser darin stehen. Destilliertes, gefiltertes Wasser oder Regenwasser verwenden. Trichter alle 2–3 Wochen leeren und frisch auffüllen. Substrat im Sommer wässern, wenn die Oberfläche trocken ist. Anschließend Wasser ablaufen lassen.

SONSTIGE PFLEGE

In warmen Räumen Topf auf kies- und wassergefüllten Untersetzer stellen. Laub ein- bis zweimal wöchentlich besprühen.

ALARM! (siehe S. 24–27)	Das Laub kann von **Wollläusen** und **Schildläusen** befallen werden.

BRAUNE, FAULENDE ODER WELKE BLÄTTER

Ursache: Wurzel- oder Wurzelhalsfäule aufgrund von viel Wasser

RETTUNG *Auf Wurzel- oder Wurzelhalsfäule untersuchen. Geschädigte Stellen abschneiden und die Pflanze in frische Erde und einen sauberen Topf umtopfen. Evtl. Spezialdünger zur Stärkung geben.*

ABSTERBENDE BLÜTE UND PFLANZE

Dies ist normal.

RETTUNG *Schneide die Blüte so nah am Laub ab wie möglich. Lanzenrosetten blühen nur einmal, wenn man sie aber weiter pflegt, bilden sie am Ansatz Kindel. Sobald diese Tochterpflanzen ein Drittel der Größe ihrer Elternpflanze haben, schneidet man sie vorsichtig ab und topft sie einzeln ein.*

HELLES LAUB

Ursache: zu trockene Luft oder pralle Sonne

RETTUNG *Pflanze an einen schattigeren Platz stellen und Blätter regelmäßig besprühen.*

BRAUNE BLATTSPITZEN

Kann auf heiße, trockene Luft, zu häufiges oder seltenes Gießen oder zu hartes Wasser zurückzuführen sein.

RETTUNG *Trichter auffüllen und Substrat leicht wässern. Blätter des Öfteren besprühen. Falls zu hartes Wasser das Problem sein könnte, weiches Wasser verwenden.*

ÄHNLICH BEHANDELN

FLAMMENDES SCHWERT
Vriesea splendens
Diese Bromelie mit ihren ungewöhnlichen, schwertartigen Blütenschäften braucht eine ähnliche Pflege.

GUZMANIE
Guzmania lingulata
Eine weitere beliebte Bromelie. Sie wird vor allem wegen ihrer ananasartigen Blüte kultiviert.

SCHAMBLUME

Aeschynanthus pulcher

Im Englischen heißt sie wegen ihrer leuchtend roten Blüten in einem dunkelroten Kelch »Lippenstiftpflanze«. Sie blüht im Sommer und ist ideal für Blumenampeln.

OPTIMALE PFLEGE

STANDORT
Ein warmes Plätzchen mit ganzjährig 18–27 °C.

LICHT
Hell, aber ohne direkte Sonne.

WÄSSERN UND DÜNGEN
Von Frühjahr bis Herbst mit lauwarmem Regenwasser oder destilliertem Wasser gießen, sobald die oberste Substratschicht trocken ist. Im Winter weniger wässern. Von Frühjahr bis Sommer monatlich düngen.

SONSTIGE PFLEGE
Überlange Triebe kürzen. Ist der Ballen arg durchwurzelt, im Frühjahr umtopfen.

ALARM! (siehe S. 24–27)
Auf **Blattläuse** und **Schmierläuse** achten.

GRAUER PELZ AUF DEN BLÄTTERN

Oft ein Pilz namens Grauschimmel

RETTUNG *Befallene Teile abschneiden und Pflanze mit einem Bio-Fungizid behandeln. Weitere Informationen unter Krankheiten (S. 28–29).*

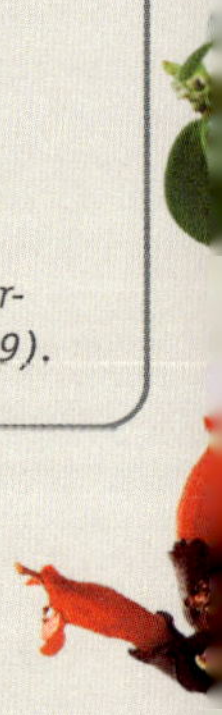

BLÜHT NICHT

Die Pflanze bekommt nicht genug Licht oder Nährstoffe.

RETTUNG *An einen helleren Platz stellen bzw. im Frühjahr und Sommer mit einem Volldünger verwöhnen.*

DIE BLÄTTER WERDEN GELB ODER ROSA

Die Pflanze bekommt zu viel Licht.

RETTUNG *Stelle die Pflanze etwas dunkler. Sie sollte es noch immer hell haben, aber nicht in der prallen Sonne schmoren.*

FLECKEN AUF DEM LAUB

Sieht ganz nach einer Blattkrankheit aus, verursacht von Bakterien oder Pilzen.

RETTUNG *Befallene Blätter entfernen und die Pflanze mit einem biologischen Fungizid behandeln (siehe Krankheiten, S. 28–29). Beim Wässern darauf achten, dass das Laub nicht nass wird.*

ÄHNLICH BEHANDELN

SÄGEBLATTKAKTUS
Disocactus anguliger
Ein Tropenbewohner mit ungewöhnlich welligen Trieben, die an die Zähne eines Sägeblatts erinnern. Die auffälligen weißen Blüten bleiben nur 1–2 Tage lang geöffnet. Setze den Kaktus in Kaktuserde, in die zusätzlich Kies gemischt wurde. Wenn er im Winter bei 11–14 °C steht, blüht er besser.

PFEILBLATT

Alocasia × amazonica

Das Pfeilblatt fällt durch stark geäderte, dunkelgrüne Blätter ins Auge. Die Pflanze mag es warm und feucht.

OPTIMALE PFLEGE

STANDORT

Am besten ist ganzjährig eine Temperatur von 18–21 °C. Nicht empfehlenswert ist ein Standort neben Heizkörpern, Klimaanlagen oder an einem zugigen Platz.

LICHT

Keine direkte Sonne im Sommer – ideal ist ein halbschattiger Platz. Im Winter kann man die Pflanze heller stellen.

WÄSSERN UND DÜNGEN

Substrat feucht halten, aber Staunässe vermeiden. Deshalb alle paar Tage nur leicht wässern – am besten mit weichem Wasser. Im Frühjahr und Sommer monatlich düngen. Im Winter weniger gießen.

SONSTIGE PFLEGE

Pfeilblätter bevorzugen hohe Luftfeuchtigkeit. Stelle die Pflanze daher auf einen mit Kieseln und Wasser gefüllten Untersetzer und besprühe das Laub häufig. Der Topf braucht einen guten Wasserabzug. Wenn die Wurzeln aus dem Gefäß wachsen, topft man im Frühjahr um.

BRAUNE FLECKEN AUF DEM LAUB

Ursache: Sonnenbrand

RETTUNG *Pflanze an einen Platz ohne direkte Sonne stellen.*

PFLANZE STIRBT AB

Scheint die Pflanze im Winter einzugehen, tritt sie vermutlich nur in eine Ruhephase. Das passiert, wenn die Temperaturen unter 15 °C fallen. Andernfalls behagen ihr die Bedingungen nicht.

RETTUNG *Handelt es sich nur um die Winterruhe, treibt sie im Frühjahr wieder aus. Ansonsten sollte man prüfen, ob Standort, Licht und Wassermenge stimmen.*

ALARM!
(siehe S. 24–27)

Das Laub ist anfällig für **Wollläuse**, **Schildläuse** und **Rote Spinnmilben**.

BRAUNE, BRÜCHIGE BLÄTTER

Ursache: zu niedrige Luftfeuchtigkeit oder zu hartes Gießwasser

RETTUNG *Pflanze auf eine wasser- und kieselgefüllte Schale stellen und das Laub regelmäßig besprühen. Verwende dafür weiches Wasser.*

Braune, brüchige Blätter

WELKENDE PFLANZE

Ursache: Die Pflanze wurde zu viel oder zu wenig gegossen. Zu starkes Wässern kann Wurzeln faulen lassen.

RETTUNG *Prüfe das Substrat und passe die Wassergaben ggf. an. Besteht das Problem weiterhin, schaust du nach, ob die Wurzeln faulen. Schneide geschädigte Bereiche aus dem Wurzelballen heraus und topfe die Pflanze anschließend um (siehe S. 28–29).*

ECHTE ALOE

Aloe vera

Der Saft dieser pflegeleichten Sukkulente hilft bei Verbrennungen und Hautreizungen.

ALARM!
(siehe S. 24–27)

Das Laub ist anfällig für **Schildläuse**.

OPTIMALE PFLEGE

STANDORT

In einem Zimmer bei 10–24 °C kultivieren. Unter optimalen Bedingungen bilden ältere Pflanzen gelbe Blüten.

LICHT

Ideal: ein heller Platz, z. B. in einem Südfenster. Aloen kommen mit voller Sonne zurecht, müssen aber daran gewöhnt werden.

WÄSSERN UND DÜNGEN

Im Frühjahr und Sommer erst wässern, wenn die oberen 2–3 cm des Substrats trocken sind (je nach Standort nach 1 Woche). Im Winter kaum gießen. Einmal im Frühjahr und einmal im Sommer düngen.

SONSTIGE PFLEGE

Aloen brauchen gut durchlässiges Substrat. Mische in die Blumenerde daher Kies, Perlit oder Kakteenerde. Eine Lage Kies auf dem Topfballen hält den Ansatz trocken und verhindert Fäulnis. Aloen werden erst umgepflanzt, wenn sie für ihr Gefäß zu groß geworden sind. Sie bilden Kindel, die man stehen lassen oder mit ihren Wurzeln abschneiden und getrennt eintopfen kann.

GESCHRUMPFTE, RUNZELIGE BLÄTTER

Ursache: zu wenig Wasser

RETTUNG *Wässere leicht und besprühe die Blätter 3 Tage lang täglich, dann sollte das Laub wieder anschwellen. Aloen vertragen keine nassen Füße.*

BRAUNE, ROTE ODER RÖTLICH BRAUNE BLÄTTER

Schuld kann konstant nasse Erde oder im Sommer zu viel Sonne um die Mittagszeit sein. Möglicherweise sind die Wurzeln bereits geschädigt.

RETTUNG *An einen hellen Platz ohne direkte Sonne bringen. Weniger wässern. Tritt keine Besserung ein, Wurzeln untersuchen.*

Rotbraune Blätter

BLASSE ODER GELBE BLÄTTER

Wird die ganze Pflanze hell oder gelb, hat sie zu viel Wasser oder zu wenig Licht bekommen.

RETTUNG *Wässere die Aloe weniger (siehe links) und stelle sie an einen helleren Platz.*

DUNKLE FLECKEN, BRAUNE ODER WEICHE BLÄTTER

Ursache ist oft zu intensives Wässern.

RETTUNG *Erst wieder wässern, wenn der Topfballen ganz trocken ist. Pflanzgefäß mit Abzugslöchern wählen. Beim Wässern nicht die Blätter benetzen, da sie am Ansatz faulen können.*

ÄHNLICH BEHANDELN

AGAVE
Agave
Die Sukkulenten eignen sich gut für ein sonniges Fenster und werden behandelt wie eine Aloe. Manche Formen haben spitze Stacheln.

HAWORTHIE
Haworthia
Noch eine Stachelträgerin unter den Sukkulenten. In voller Sonne können sich die Blätter rot färben.

FLAMINGOBLUME

Anthurium

Die Flamingoblume oder Anthurie ist recht anspruchslos. Ihre wächsernen, exotischen, leuchtenden Blüten (Kolben mit Spatha) halten wochenlang.

OPTIMALE PFLEGE

STANDORT

Flamingoblumen stammen aus den Tropen und brauchen Wärme sowie hohe Luftfeuchtigkeit. Man stellt sie in ein warmes, nicht zugiges Zimmer (15–20 °C).

LICHT

Die Pflanze braucht viel Licht, verträgt aber keine direkte Sonne (gut ist z. B. ein Platz 1 m vor einem sonnigen Fenster).

WÄSSERN UND DÜNGEN

Vom Frühjahr bis zum Herbst mäßig wässern, sobald sich das Substrat trocken anfühlt. Der Ballen sollte leicht feucht, aber nicht nass sein. Im Winter weniger gießen. Im Frühjahr und Sommer monatlich düngen.

SONSTIGE PFLEGE

Um die Luftfeuchtigkeit zu erhöhen, Blätter (nicht die Blüten) regelmäßig besprühen oder Pflanze auf eine mit Kieseln und Wasser gefüllte Schale stellen. Laub häufig mit einem feuchten Schwamm abwischen. Welke Blüten vorsichtig abzupfen. Im Frühjahr in ein etwas größeres Gefäß umtopfen.

ALARM!
(siehe S. 24–27)

Befall durch **Wollläuse** und **Rote Spinnmilben** möglich

BRAUNE BLATTSPITZEN

Zu warme und trockene Raumluft. Die Pflanze wurde zu stark oder zu wenig gewässert oder steht im Zug.

RETTUNG *Stelle die Pflanze gegebenenfalls etwas weiter vom Heizkörper weg und wässere in Zukunft anders – entweder mehr oder weniger.*

VIELE BLÄTTER, ABER WENIG BLÜTEN

Ursache: Die Pflanze bekommt nicht genug Licht, steht in einem zu großen Topf oder wird zu wenig gedüngt.

RETTUNG *An einen helleren Platz stellen. Wenn zwischen Wurzeln und Topfrand mehr als 1–2 cm Abstand ist, die Flamingoblume in ein kleineres Gefäß setzen. Monatlich düngen, um die Blüte zu fördern (siehe links).*

GELBES LAUB

Ein gelbes Blatt hie und da ist ein normaler Alterungsprozess. Werden es zu viele, kann es an falschem Gießen, zu wenig Dünger, kalter Zugluft oder einem zu stark durchwurzelten Ballen liegen.

RETTUNG *Anders düngen und wässern. Ggf. umstellen oder umtopfen.*

ZIER-SPARGEL

Asparagus densiflorus 'Myersii'

Zierspargel mag filigran und empfindlich aussehen, ist aber eine robuste Pflanze, die ein bisschen Zug und trockene Luft nicht übel nimmt.

OPTIMALE PFLEGE

STANDORT
Von seiner besten Seite zeigt sich Zier-Spargel in einem zugluftfreien Raum mit 13–24 °C.

LICHT
Halbschatten oder gefiltertes Licht ist ideal.

WÄSSERN UND DÜNGEN
Substrat vom Frühjahr bis zum Herbst feucht halten, im Winter die oberste Schicht zwischen den Wassergaben aber austrocknen lassen. Von Frühjahr bis Herbst monatlich mit halber Dosierung düngen.

SONSTIGE PFLEGE
Überlange und braune Triebe am Ansatz abschneiden. Ist der Ballen zu sehr durchwurzelt, topft man ihn in einen um eine Nummer größeren Topf um.

ALARM! (siehe S. 24–27) | Anfällig für **Rote Spinnmilben**, **Wollläuse** und **Schildläuse**

BRAUNE BLATTRÄNDER

Die Pflanze steht entweder in der prallen Sonne oder ihre Erde trocknet in den wärmeren Monaten aus.

RETTUNG *Pflanze an einen dunkleren Platz stellen und Substrat im Frühjahr und Sommer gleichbleibend feucht halten.*

ANSATZ DER PFLANZE BRAUN UND WEICH

Wenn weiche Pflanzenteile faulen, deutet das auf Stängelfäule hin.

RETTUNG *Alle fauligen Teile wegschneiden und den Wurzelballen vorsichtig am Rand wässern, sodass sich kein Wasser um den Ansatz der Pflanze sammelt. Für guten Wasserabzug im Pflanzgefäß sorgen.*

BLÄTTER WERDEN GELB

Es ist normal, dass ältere Blätter an gesunden Pflanzen gelb werden. Sind es zu viele, kann es sein, dass die Pflanze in der prallen Sonne steht oder es ihr am Standort zu warm ist. Auch Wurzelfäule kann die Ursache sein.

RETTUNG *Von Wärmequellen wegstellen und aus der prallen Sonne nehmen. Prüfen, ob Wasser gut ablaufen kann und die Wurzeln gesund sind.*

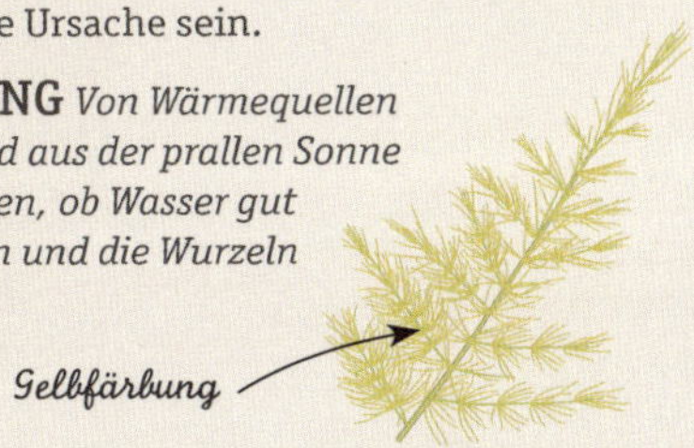

ÄHNLICH BEHANDELN

FEDER-SPARGEL
Asparagus setaceus
Die Pflanze braucht eine ähnliche Pflege, bevorzugt aber höhere Luftfeuchtigkeit und weniger Licht.

ZIER-SPARGEL
Asparagus densiflorus
Sprengeri-Gruppe
Eine Sortengruppe des Zier-Spargels mit fiedrigerem Laub. Sie mag es mit 7–21 °C außerdem etwas kühler.

FORELLEN-BEGONIE

Begonia maculata

Die spektakuläre Brasilianerin trumpft mit großen, weiß gefleckten Blättern und cremefarbenen Hängeblüten im Sommer auf. Ihre Triebe sollten gestützt werden.

OPTIMALE PFLEGE

STANDORT

Ideal sind ganzjährig 18–21 °C, wärmer sollte es nicht sein. Im Winter überlebt die Pflanze gerade noch 13 °C; darunter geht sie ein.

LICHT

Hell, aber indirektes Licht. Direkte Sonne vermeiden, da sie das Laub versengt.

WÄSSERN UND DÜNGEN

Das Substrat feucht halten, im Sommer zwischen den Wassergaben aber auch austrocknen lassen. Am besten von unten wässern, damit sich keine Nässe am Ansatz der Triebe staut (siehe Wässern, S. 18–19). Im Winter minimal feucht halten. Vom Frühjahr bis zum Herbst alle 2 Wochen stickstoffreichen Dünger geben.

PFLEGE

Überlange Triebe zurückschneiden und ggf. im Frühjahr umtopfen. Topf regelmäßig drehen, damit die Pflanze gleichmäßig wächst. Für gute Durchlüftung sorgen.

ALARM! (siehe S. 24–27)
Anfällig für **Blattläuse**, **Spinnmilben**, **Weiße Fliegen** und **Thripse**

GELBE BLÄTTER

Ursache: zu viel oder zu wenig Wasser, nicht genug Licht

RETTUNG *Pflege und Standort verändern (siehe links).*

GRAUER PELZIGER BELAG AUF PFLANZENTEILEN

Grauschimmel (Botrytis). Er entsteht unter kühlen, feuchten, beengten Bedingungen oder wenn Wasser auf das Laub spritzt.

RETTUNG *Von anderen Begonien trennen, um eine Ausbreitung zu verhindern und die Durchlüftung zu verbessern. Befallene Teile abschneiden, mit Bio-Fungizid behandeln (siehe Krankheiten, S. 28–29).*

WEISSER BELAG AUF DEN BLÄTTERN

Echter Mehltau. Er bildet sich oft bei Zug oder schlechter Luftzirkulation.

RETTUNG *Befallene Teile abschneiden und Pflanze mit Bio-Fungizid behandeln. Mehr unter Krankheiten, S. 28–29.*

BLATTFALL

Fallen Blätter ab, wurde die Pflanze evtl. zu sehr gewässert oder steht zu warm. Wächst sie zudem langbeinig, hat sie nicht genug Licht.

RETTUNG *Heller und kühler stellen, aber nicht in die direkte Sonne. Weniger wässern (siehe links).*

ÄHNLICH BEHANDELN

ELATIOR-BEGONIE
***Begonia*-Elatior-Gruppe**
Kleine, hübsche Blüten in allerlei Farbvariationen. Regelmäßiges Abzwicken verlängert die Blütezeit.

KÖNIGS-BEGONIE
Begonia rex
Von dieser Art gibt es viele Sorten mit schönem Laub in karminroten, silbrigen, violetten, grünen und roten Tönen. Die beste Färbung ist bei indirektem Licht zu erwarten.

DIE FÜNF BESTEN FÜR DEN SCHREIBTISCH

Mehr Grün am Arbeitsplatz soll die Leistung steigern und Stress lindern. Untersuchungen zufolge können bestimmte Pflanzen zudem Gift aus der Luft filtern. Eine gute Schreibtischpflanze ist kompakt und braucht nicht viel Licht.

Glücksbambus

Dracaena sanderiana

Ob Dir der Glücksbambus eine Gehaltserhöhung oder Beförderung einbringt, ist nicht sicher. Aber er bringt Freude in den Arbeitstag. Man kan ihn in Erde pflanzen oder einfach in ein Glas mit weichem Wasser stellen.

Siehe Glücksbambus auf S. 70–71

Neoregelie

Neoregelia carolinae fo. tricolor

Man zieht diese Büroschönheit wegen ihres auffälligen Laubs, das sich kurz vor der Blüte rosa färbt. Der Trichter in der Mitte muss immer mit Mineralwasser gefüllt bleiben.

Siehe Neoregelie auf S. 49

Bogenhanf

Sansevieria cylindrica

Die auffällige Blattschmuckpflanze ist mit der Schwiegermutterzunge verwandt. Sie hat zylindrische Blätter, braucht kaum Pflege und nimmt es einem nicht übel, wenn man einmal das Gießen vergisst oder in Urlaub fährt.

Siehe Bogenhanf auf S. 117

Silberblatt-Peperomie

Peperomia argyreia

Die pflegeleichte Tropenschönheit beeindruckt mit dunkelgrünen, gestreiften Blättern, die an die Schalen von Wassermelonen erinnern.

Siehe Silberblatt-Peperomie auf S. 100–101

Schmalblättriger Gerandeter Drachenbaum

Dracaena marginata

Die unkomplizierte Pflanze filtert die Luft und ist nicht beleidigt, falls man das Wässern einmal vergisst. Sie kann ziemlich hoch werden, nimmt aber wenig Platz weg.

Siehe Drachenbaum auf S. 69

ZIMMERHAFER

Billbergia nutans

Der Zimmerhafer zählt zu den unkompliziertesten Bromelien. Gut aufgehoben ist er in einer Blumenampel.

ALARM!
(siehe S. 24–27)

Auf dem Laub können sich **Woll-** und **Schildläuse** festsetzen.

OPTIMALE PFLEGE

STANDORT

Stelle die Pflanze in ein Zimmer mit 5–24 °C Raumtemperatur. Blühen wird sie aber nur im oberen Temperaturbereich.

LICHT

Hell, ohne direkte Sonne

WÄSSERN UND DÜNGEN

Fülle den Trichter der Blattrosetten mit destilliertem, gefiltertem oder Regenwasser – es sollte immer 2–3 cm hoch darin stehen. Alle 2–3 Wochen tauscht man es für mehr Frische am besten komplett aus. Das Substrat wird leicht feucht gehalten. Dünge die Trichter im Frühjahr und Sommer mit Flüssigdünger in der halben empfohlenen Dosierung.

SONSTIGE PFLEGE

Pflanze auf eine kies- und wassergefüllte Schale stellen, damit sie genug Luftfeuchtigkeit hat. Blüte ab etwa 3 Jahren. Welke Blüten abzupfen. Im Frühjahr nach der Blüte umtopfen. Mit der Zeit bilden sich Kindel, während ältere Blattbündel absterben. Größere Kindel separat eintopfen.

GELBE BLATTSPITZEN

Der Pflanze ist es vermutlich in ihrem Topf zu eng geworden.

RETTUNG *Topfe den Zimmerhafer im Frühjahr nach der Blüte um.*

BRAUNE BLATTSPITZEN

Ursache: trockene Luft oder zu hartes Gießwasser

RETTUNG *Blätter bei Hitze häufig besprühen. Weiches Wasser verwenden.*

TROPFENDE BLÜTEN

Wenn man die Blüten berührt oder bewegt, sondern sie einen Saft ab. Dabei handelt es sich um Nektar.

RETTUNG *Gegenmaßnahmen unnötig!*

KEINE BLÜTEN

Zimmerhafer blüht ab einem Alter von etwa 3 Jahren. Weigern sich ältere Pflanzen zu blühen, kann die Temperatur zu niedrig oder der Standort zu dunkel sein.

RETTUNG *Stelle deine Pflanze an einen wärmeren oder helleren Platz. Direkte Sonne verträgt sie jedoch nicht.*

ÄHNLICH BEHANDELN

BLAUE TILLANDSIE
Tillandsia cyanea
Diese Bromelie hat ähnliche Ansprüche wie der Zimmerhafer, mag es aber mit 14–25 °C Raumtemperatur etwas wärmer.

NEOREGELIE
Neoregelia carolinae* fo. *tricolor
Diese Neoregelie wird genauso gepflegt wie die Tillandsie oben. Vor der Blüte färbt sich die Mittelrosette rosa.

KORBMARANTE

Calathea

Die meisten Korbmaranten sind wegen ihres schönen Laubs beliebt. Die Art *Calathea roseopicta* besticht durch ihre roten Blattunterseiten.

OPTIMALE PFLEGE

STANDORT

Stammt aus dem Regenwald, braucht es also warm (16–20 °C) und feucht. Ideal: ein Badezimmer. Leidet in Räumen mit starken Temperaturschwankungen.

LICHT

Korbmaranten mögen es halbschattig bis hell, aber ohne direkte Sonne.

WÄSSERN UND DÜNGEN

Vom Frühjahr bis zum Herbst hält man das Substrat ständig leicht feucht, vermeidet aber Nässe. Verwende weiches Wasser – gechlortes Leitungswasser verträgt die Korbmarante nicht. Im Winter wird weniger gegossen, gedüngt einmal im Frühjahr, Sommer und Herbst.

SONSTIGE PFLEGE

Stelle die Pflanze auf einen mit Kieseln und Wasser gefüllten Untersetzer und besprühe sie täglich. Auch das Kombinieren mit anderen Pflanzen erhöht die Luftfeuchtigkeit. Gelegentlich Staub von den Blättern wischen. Im Frühjahr umtopfen.

ALARM! (siehe S. 24–27)

Das Laub ist anfällig für einen Befall durch die **Rote Spinnmilbe**.

HÄNGENDES LAUB

Deutet auf zu starkes Wässern hin, kommt aber auch vor, wenn die Pflanze zu kalt oder zu zugig steht.

RETTUNG *Substrat feucht, aber nie nass halten. Im Winter zurückhaltend wässern und an einen wärmeren, geschützteren Platz stellen.*

BLÄTTER ROLLEN SICH AM RAND EIN

Die Pflanze wird vermutlich nicht ausreichend gewässert.

RETTUNG
Wässere angemessener (siehe links).

BRAUNE SPITZEN UND RÄNDER

Ursache kann zu trockene Luft, eine Überdüngung oder Gießen mit zu hartem Wasser sein.

RETTUNG *Besprühe die Blätter täglich und stelle die Pflanze auf eine kieselgefüllte Wasserschale. Verwende destilliertes bzw. gefiltertes Wasser oder Regenwasser.*

BLEICHE ODER VERSENGTE BLÄTTER

Die Pflanze stand wohl in der prallen Sonne.

RETTUNG *Der Umzug an einen schattigeren Platz*

ÄHNLICH BEHANDELN

PFEILWURZ
Maranta
Pfeilwurze haben dieselben Ansprüche wie Korbmaranten. Ihre Blätter falten sich nachts wie betende Hände.

BLUMENMARANTE
Stromanthe
Sie bevorzugen etwas mehr Luftfeuchtigkeit. Die Temperatur sollte nicht unter 18 °C fallen. Gieße sie mit lauwarmem, weichem Wasser.

GRÜNLILIE

Chlorophytum comosum 'Bonnie'

Diese Sorte ist ebenso leicht zu pflegen wie die ihre viel häufigere Cousine. Im Gegensatz zu ihr rollt sie die Blätter aber krallenartig ein, weshalb sie insgesamt kompakter ist.

OPTIMALE PFLEGE

STANDORT
Die Pflanze verträgt Temperaturen zwischen 7 und 24 °C.

LICHT
Ideal ist ein heller Platz ohne direkte Sonne.

WÄSSERN UND DÜNGEN
Substrat im Sommer feucht, nicht nass halten. Im Winter weniger wässern. Im Frühjahr und Sommer monatlich düngen.

SONSTIGE PFLEGE
Pflanzen mit stark durchwurzeltem Ballen umtopfen. Die Kindel (Tochterpflänzchen) an langen Ausläufern können abgeschnitten und neu eingetopft werden. Haben sie bereits Wurzeln, setzt man sie direkt in einen Topf, haben sie noch keine, stellt man sie ins Wasser, bis sich Wurzeln bilden.

ALARM! (siehe S. 24–27)
Blattunterseiten nach **Roten Spinnmilben** und **Schildläusen** absuchen.

BLASSE BLÄTTER

Pralle Sonne, zu wenig Licht, zu wenig Wasser und Kälte lassen das Laub ausbleichen.

RETTUNG *Angemessen wässern, nicht in die volle Sonne stellen und auf angemessene Temperaturen achten. Im Winter sollte man dafür sorgen, dass die Pflanze ausreichend Licht bekommt.*

BLÄTTER IM WINTER MIT BRAUNEN STREIFEN

Das kommt vor, wenn die Pflanze im Winter zu stark gewässert wird.

RETTUNG *Braucht im Frühjahr und Sommer genug Licht, Wasser und Dünger. Umtopfen, falls der Ballen durchwurzelt ist.*

WÄCHST KAUM ODER GAR NICHT

Zu wenig oder zu viel Wasser, Licht und Nährstoffe. Ballen zu sehr durchwurzelt

RETTUNG *Im Frühjahr und Sommer Licht, Wasser und Nährstoffe anpassen.*

BRAUNE BLATTSPITZEN

Ursache: heiße und trockene Luft, zu wenig Wasser und zu wenig Nährstoffe

RETTUNG *Braune Teile abschneiden, Pflanze von Wärmequellen entfernen oder in einen Raum mit mehr Luftfeuchtigkeit stellen. Besser düngen und wässern.*

ÄHNLICH BEHANDELN

EFEUTUTE
Epipremnum
Hat ähnliche Ansprüche wie die Grünlilie. An einer Moossäule hochwachsen lassen oder hängend ziehen.

ZIMMERREBE
Cissus rhombifolia
Eine weitere pflegeleichte Pflanze. Sie hat glänzendes, gelapptes, dunkelgrünes Laub und kann in Blumenampeln hängend oder an Wandgittern kletternd gezogen werden.

RIEMENBLATT

Clivia miniata

Riemenblätter stammen aus Südafrika. Sie haben im zeitigen Frühjahr schöne rote, orange oder gelbe Blüten, die zu mehreren an einem langen Stängel stehen.

OPTIMALE PFLEGE

STANDORT

Vom Frühjahr bis zum Spätherbst bleibt die Pflanze an ihrem normal warmen Standort. Im Winter stellt man sie an einen 10 °C kühlen Platz, wo sie in eine Ruhephase treten kann. Das regt sie zum Blühen an.

LICHT

Hell, ohne direkte Sonne

WÄSSERN UND DÜNGEN

Vom Frühjahr bis zum Spätherbst hält man das Substrat feucht und düngt monatlich. Im Winter wird weniger gewässert, sodass die Erde fast trocken ist, und überhaupt nicht gedüngt.

SONSTIGE PFLEGE

Wische die Blätter gelegentlich ab. Kurz vor und während der Blüte stellt man die Pflanze nicht um. Nach der Blüte wird der Blütenstängel am Ansatz gekappt. Mitunter folgt im Spätsommer eine zweite Blüte. Riemenblätter mögen es eng, sodass man nach dem Blühen nur dann umpflanzt, wenn die Wurzeln bereits aus dem Topf quellen.

HELLE ODER BRAUNE FLECKEN

Ursache: Sonnenbrand

RETTUNG *Pralle Sonne meiden.*

ALARM! (siehe S. 24–27)

Mitunter setzen sich **Wollläuse** und **Rote Spinnmilben** auf dem Laub fest.

BRAUNE BLÄTTER AM ANSATZ

Dies ist der Fall, wenn älteres Laub vertrocknet.

RETTUNG *Ein normaler Vorgang. Ziehe die vertrockneten Blätter vorsichtig ab.*

GELBE BLÄTTER

Dies ist vermutlich auf zu wenig Nährstoffe oder zu wenig bzw. zu viel Wasser zurückzuführen.

RETTUNG *Angemessen gießen und düngen (siehe links).*

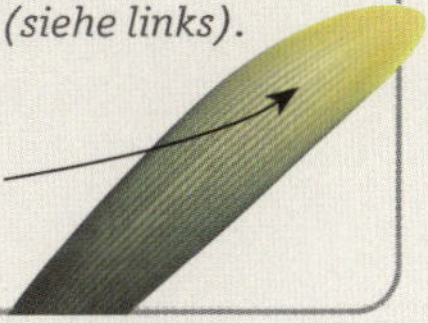

KURZER BLÜTENSTÄNGEL & KEINE BLÜTE IM FRÜHJAHR

Ursache ist meist eine fehlende Ruhephase im Winter, doch kann es auch an einem zu großen Topf oder zu wenig Wasser nach der Ruhephase liegen.

RETTUNG *Wurde der Pflanze eine Ruhephase zugestanden, hält man anschließend das Substrat feucht. Der Topf sollte nur so groß sein, dass die Wurzeln nicht mehr als 2–3 cm vom Rand entfernt stehen.*

GELDBAUM

Crassula ovata

Die pflegeleichte, langlebige Sukkulente sieht aus wie ein Minibaum und soll Glück bringen. Im Winter blüht sie manchmal sogar.

OPTIMALE PFLEGE

STANDORT

Die Pflanze gehört auf eine sonnige Fensterbank und braucht 18–24 °C. Im Winter verträgt sie gerade noch 10 °C.

LICHT

Hell, Streuschatten

WÄSSERN UND DÜNGEN

Mäßig wässern – die obersten 2–3 cm des Topfballens austrocknen lassen. Im Winter noch weniger gießen. Einmal im Frühjahr und ein zweites Mal im Sommer düngen.

SONSTIGE PFLEGE

Alte, vertrocknete Blätter abzupfen. Im Frühjahr die Pflanze geringfügig schneiden. Sie braucht einen schweren Topf, denn sie wird kopflastig und kann umfallen.

ALARM!
(siehe S. 24–27)

Ein Problem sind **Wollläuse** auf Trieben und Blättern.

VERFÄRBT

Violette oder rote Blätter deuten auf zu wenig Wasser oder zu viel Sonne hin, gelbe auf zu viel Wasser.

RETTUNG *Standort wechseln und anders wässern.*

ABFALLENDES LAUB

Ältere Blätter werden schrumpelig und fallen ab – ein normaler Vorgang. Falls der Geldbaum aber frisches Laub abwirft, kann Stress (z. B. der plötzliche Wechsel an einen sonnigen Platz) oder falsches Wässern die Ursache sein.

RETTUNG *Angemessen wässern. Beim Umstellen an einen anderen Standort die Pflanze nach und nach umsiedeln, damit sie sich langsam an den neuen Platz gewöhnen kann.*

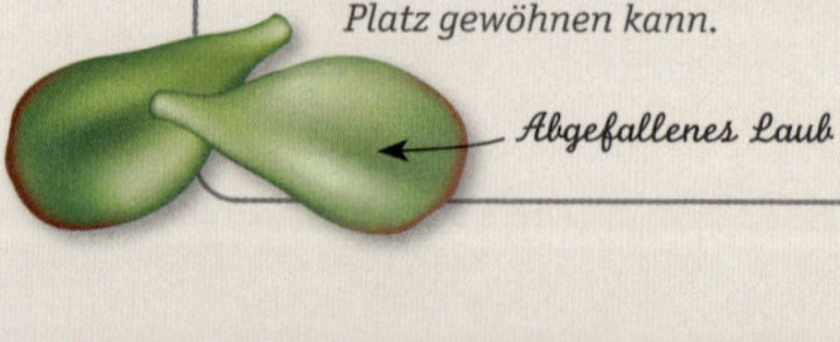

VERSCHRUMPELTE BLÄTTER

Der Pflanze fehlt es an Wasser.

RETTUNG *Wässert man die Pflanze ein paar Tage lang immer nur ein bisschen, sollten die Blätter bald wieder anschwellen. Vermeide Staunässe.*

Crassula ovata

Höhe und Breite: bis 1 m

ZU LANGE TRIEBE

Die Pflanze braucht mehr Licht.

RETTUNG *An einen sonnigeren Platz stellen.*

ÄHNLICH BEHANDELN

ERBSENPFLANZE
Senecio rowleyanus
Eine auffällige Hängepflanze mit ähnlichen Ansprüchen wie der Geldbaum

LEUCHTERBLUME
Ceropegia woodii
Eine weitere vorzügliche Ampelpflanze mit fleischigen Blättern

KAMM-MARANTE

Ctenanthe burle-marxii

Mit ihrem gestreiften, an der Unterseite rotem Laub ist die Kamm-Marante zu einer beliebten Zimmerpflanze geworden. Die Blätter falten sich nachts wie Hände zum Gebet.

OPTIMALE PFLEGE

STANDORT

Die aus dem Regenwald stammende Pflanze braucht ein warmes Zimmer bei 16–20 °C. Sie darf nicht neben Heizungen stehen und verträgt keine starken Temperaturschwankungen.

LICHT

Hell bis halbschattig stellen. Verträgt keine direkte Sonne.

WÄSSERN UND DÜNGEN

Substrat von Frühjahr bis Herbst feucht halten, aber nie staunass werden lassen. Im Winter Substratoberfläche zwischen den Wassergaben austrocknen lassen. Für guten Wasserabzug sorgen. Mit destilliertem, gefiltertem oder Regenwasser gießen. Von Frühjahr bis Sommer monatlich düngen.

SONSTIGE PFLEGE

Mit einem feuchten Tuch Staub von den Blättern wischen. Alle 2–3 Jahre bzw. wenn der Ballen stark durchwurzelt ist umtopfen. Von Wärmequellen fernhalten.

ALARM! (siehe S. 24–27)
Auf **Wollläuse** und **Rote Spinnmilben** achten.

BLÄTTER ROLLEN SICH

Die Pflanze braucht mehr Wasser oder wird zu stark gegossen.

RETTUNG *Mehr wässern, aber Wasser gut ablaufen lassen. Staunässe vermeiden. Von Wärmequellen fernhalten.*

SPITZEN ODER -RÄNDER BRAUN?

Ursache: zu hartes Gießwasser, zu starkes Düngen oder zu heiße und trockene Raumluft

RETTUNG *Nicht neben Wärmequellen stellen. Destilliertes, gefiltertes oder Regenwasser verwenden.*

ÄHNLICH BEHANDELN

KROTON
Codiaeum variegatum
Der Kroton fordert eine ähnliche Behandlung wie die Kamm-Marante ein, braucht aber feuchte Luft. Temperaturschwankungen mag er nicht.

HELLE ODER VERSENGTE BLÄTTER

Die Pflanze steht in der prallen Sonne.

RETTUNG *An einen schattigeren Platz stellen.*

ALPENVEILCHEN

Cyclamen persicum

Alpenveilchen sind Zimmerpflanzen mit Charme. Vom Herbst bis in das Frühjahr bezaubern sie mit leuchtenden Blüten.

OPTIMALE PFLEGE

STANDORT

In einem kühlen Raum blühen Alpenveilchen für gewöhnlich monatelang, wenn man sie im Herbst, also zu Beginn der Blühperiode, im Knospenstadium kauft. Sie vertragen keine hohen Temperaturen, erfrieren aber auch leicht. Ideal sind 10–15 °C.

LICHT

Direkte Sonne meiden – ideal ist ein Nordfenster.

WÄSSERN UND DÜNGEN

Das Substrat sollte leicht feucht bleiben. Man wässert am besten von unten, indem man die Pflanze 30 Minuten in eine Schale mit Wasser stellt (siehe S. 18–19). So bleiben Blätter und Triebe trocken.

SONSTIGE PFLEGE

Zwicke oder zupfe welke Blüten und Blätter ab. Alpenveilchen werden meist nach der Blüte weggeworfen, doch kann man sie durchaus jedes Jahr aufs Neue zum Blühen bringen (siehe rechts: Keine Blüten mehr).

GELBES LAUB

Ursache: zu warmer oder zu sonniger Standort oder falsches Wässern. Gelbes Laub im Frühling deutet darauf hin, dass sie einzieht – eine natürliche Reaktion.

RETTUNG *Gelbe Blätter entfernen. Aus der Sonne holen und an einen etwa 15 °C warmen Platz stellen. Substrat feucht halten und von unten wässern.*

BLÜHT SCHLECHT

Die Pflanze blüht am besten bei niedrigeren Temperaturen, denn hohe versetzen sie in die Ruhephase. Gegen Saisonende, also im Frühjahr, ist es normal, dass sie aufhört zu blühen.

RETTUNG *Prüfe, ob das Alpenveilchen nicht zu warm steht, und pflege es korrekt (siehe links). Kaufe dein Alpenveilchen im Herbst und achte darauf, dass es viele Knospen hat. Dann blüht es besonders lange, denn die frischen Knospen öffnen sich bald und ersetzen Verblühtes.*

PFLANZE GEHT EIN

Sie hat vermutlich zu viel Wasser bekommen und sich Wurzelhalsfäule eingefangen.

RETTUNG *Untersuche den Ansatz der Triebe und entferne geschädigte Teile (siehe S. 28–29). Handelt es sich um Wurzelhalsfäule, ist die Pflanze kaum mehr zu retten.*

KEINE BLÜTEN MEHR

Alpenveilchen ziehen im Sommer ein und treten in ihre Ruhephase.

RETTUNG *Es gibt nichts zu retten – die Reaktion ist normal. Höre im Frühjahr auf zu wässern, wenn sie nicht mehr blüht und die Blätter gelb werden. Im Sommer über stellst du das Exemplar trocken und schattig und hältst das Substrat nur leicht feucht. In regenreichen Gegenden vor zu viel Nässe schützen, Staunässe meiden. Im Herbst holt man sie nach drinnen und fängt wieder an zu wässern, sobald sie neu austreibt.*

ÄHNLICH BEHANDELN

ZIMMER-AZALEE
Rhododendron simsii

Zimmer-Azaleen brauchen leicht feuchte Topferde und sollten mit weichem Wasser bzw. Regenwasser gewässert werden, da sie keinen Kalk vertragen. Um gut zu blühen, müssen sie kühl stehen.

DIEFFENBACHIE

Dieffenbachia

Das üppig grüne und cremegelbe Laub der Dieffenbachie bringt Leben in düstere Ecken. Aber Vorsicht: Ihr Saft enthält Kalziumoxalat, das Schwellungen und Schmerzen verursacht.

OPTIMALE PFLEGE

STANDORT
Die Pflanzen brauchen 16–24 °C. Sie sind etwas kapriziös und vertragen weder Zug noch trockene Luft.

LICHT
Im Sommer wählt man einen halbschattigen, im Winter einen helleren Platz für sie.

WÄSSERN UND DÜNGEN
Frühjahr bis Herbst wässern, wenn die obere Erdschicht trocken ist, im Winter weniger. Monatlich düngen.

SONSTIGE PFLEGE
Häufig besprühen und auf einen mit Kieseln und Wasser gefüllten Untersetzer stellen, damit die Pflanze genügend Luftfeuchtigkeit bekommt. Blätter monatlich abwischen. Im Frühjahr umtopfen.

ALARM! (siehe S. 24–27)
Auf dem Laub können sich **Wollläuse** festsetzen.

GELBE UNTERE BLÄTTER

Ursache sind wohl zu niedrige Temperaturen oder Zugluft.

RETTUNG *Man stellt die Pflanze in ein wärmeres Zimmer ohne Zugluft.*

BLASSES LAUB

Zu viel Licht oder pralle Sonne lässt die Blätter ausbleichen.

RETTUNG
Stelle dein Exemplar an einen schattigeren Platz.

BLÄTTER FALLEN AB

Im Zimmer ist es zu kalt oder zugig.

RETTUNG *Vermeide Zug und weise der Pflanze einen wärmeren Standort zu.*

BRAUNE BLATTRÄNDER

Zu trockenes Substrat und zu trockene oder kalte Luft können braune Blattränder hervorrufen. Möglich ist ferner Überdüngung.

RETTUNG *So wässern, dass sich die Topferde feucht, aber nicht nass anfühlt. Zwischen den einzelnen Wassergaben die obersten 2–3 cm des Substrats austrocknen lassen. Luftfeuchtigkeit erhöhen, Dieffenbachie an einen wärmeren Platz stellen und wie links empfohlen düngen.*

ÄHNLICH BEHANDELN

VERÄNDERLICHE PURPURTUTE
Syngonium podophyllum
Sie wird behandelt wie die Dieffenbachie. Man kann sie kletternd oder hängend kultivieren. Vor allem in Blumenampeln sieht sie gut aus.

DREIECKIGER GLÜCKSKLEE
Oxalis triangularis
Die hübsche Pflanze hat ähnliche Ansprüche wie die Dieffenbachie. Sie bildet Rhizome, zieht also im Winter ein.

VENUSFLIEGENFALLE

Dionaea muscipula

Die faszinierende fleischfressende Pflanze schließt ihre Blätter blitzschnell, wenn sich ein Insekt darauf setzt. Anschließend wird das Insekt langsam verdaut.

OPTIMALE PFLEGE

STANDORT
Ideal ist ein Südfenster in einem mäßig warmen Zimmer (7–21 °C). Im Winter stellt man die Venusfliegenfalle in ein unbeheiztes Zimmer mit etwa 7 °C.

LICHT
Hell, etwas direkte Sonne

WÄSSERN UND DÜNGEN
Während der Wachstumssaison das Substrat feucht halten (Topf in einen wassergefüllten Untersetzer stellen). Während der Ruhephase weniger wässern. Weiches Wasser verwenden. Nicht düngen, die Pflanze bekommt ihre Nährstoffe von den Insekten. Falls drinnen keine Insekten sind, im Sommer ab und zu nach draußen stellen.

SONSTIGE PFLEGE
In sehr nährstoffarme Spezialerde pflanzen. Abgestorbene Fallen abzwicken. Venusfliegenfallen blühen im Sommer gelegentlich. Blüten am besten abschneiden, denn sie schwächen die Pflanze. Bei Bedarf im zeitigen Frühjahr umtopfen.

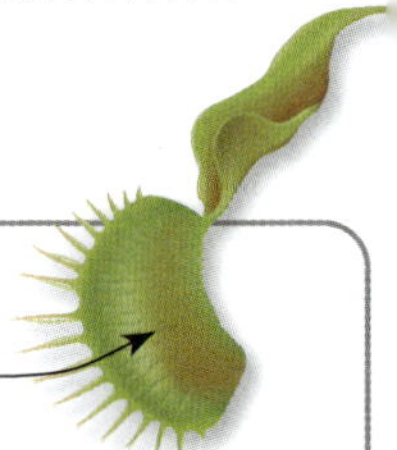

ROTE KLAPPEN WERDEN GRÜN UND SCHLAFF
Das deutet darauf hin, dass falsch gewässert wird und die Luftfeuchtigkeit nicht stimmt. Wird nicht rasch Abhilfe geschaffen, kann die Pflanze eingehen.

RETTUNG *Luftfeuchtigkeit durch Besprühen der Blätter erhöhen. Angemessen wässern (siehe links).*

SCHWARZE FALLEN
Die Fallen sterben oft im Herbst und Winter ab, wenn die Pflanze einzieht.

RETTUNG *Ein normaler Vorgang. Treibt die Venusfliegenfalle im Frühjahr wieder aus, bildet sie neue Fallen.*

GELBE, BRAUNE ODER SCHWARZE FALLEN

Kommt vor, wenn die Pflanze vom Schatten plötzlich in die Sonne gestellt wird.

RETTUNG *Im Verlauf einer Woche nach und nach immer heller stellen.*

FALLE SCHLIESST SICH NICHT

Liegt vermutlich daran, dass man sie zu oft mit dem Finger zum Schließen gebracht hat.

RETTUNG *Pflanze nicht »reizen«, denn jede Falle schließt sich nur vier- bis fünfmal.*

ALARM!

(siehe S. 24–27)

Anfällig für **Blattläuse** und **Rote Spinnmilben**

ÄHNLICH BEHANDELN

SCHLAUCHPFLANZE
Sarracenia
Sie lockt ebenfalls Insekten an, die in die Trichter fallen und darin ertrinken.

KANNENPFLANZE
Nepenthes
Die Insekten rutschen in die farbenfrohen »Kannen« an der Pflanze und werden dort verdaut.

DIE FÜNF BESTEN FÜR DIE SONNE

Pralle Sonne kann viele Zimmerpflanzen versengen, manche allerdings brauchen die volle Dosis. Dazu gehören Wüstenkakteen und Sukkulenten. Aber auch sie muss man allmählich an die Sonne gewöhnen und im Sommer vor der größten Mittagshitze schützen. Besonders gut sehen solche Sonnenanbeter in Gruppen aus.

Echeverie

Echeveria

Die rosettenbildende Sukkulente verträgt auch etwas direkte Sonne. Sie trägt hübsche glockenförmige Blüten in Gelb, Orange oder Rosa.

Siehe Echeverie auf S. 72–73

Hasenohrkaktus

Opuntia microdasys

Kakteen gibt es in faszinierenden Formen und Größen. Diese Art stammt aus mexikanischen Wüsten und wurde in Teilen Ostafrikas eingebürgert. Sie bevorzugt – wen wundert's – viel Licht!

Siehe Hasenohrkaktus auf S. 98–99.

Echte Aloe

Aloe vera

Eine stachelbewehrte Sukkulente, die einen sehr hellen Platz einfordert und auch gegen etwas volle Sonne nichts einzuwenden hat. Reife Exemplare bilden am Ansatz Kindel.

Siehe Echte Aloe auf S. 38–39

Geldbaum

Crassula ovata

Geldbäume brauchen reichlich Licht und vertragen auch direkte Sonne. Sie werden meist klein gekauft und eignen sich daher bestens für ein sonniges Fenster. Mitunter blühen die langlebigen Schönheiten sogar im Winter.

Siehe Geldbaum auf S. 56–57

Venusfliegenfalle

Dionaea muscipula

Wenn ein Insekt auf den klappenartigen Blättern landet, schnappt die Falle zu. Mit viel Licht und etwas direkter Sonne ist die fleischfressende Pflanze bestens bedient.

Siehe Venusfliegenfalle auf S. 64–65

DRACHENBAUM

Dracaena fragrans

Die Gehölze mit ihren palmartigen Blättern sind anspruchslos und verzeihen sogar unregelmäßiges Wässern.

OPTIMALE PFLEGE

STANDORT

Drachenbäume fühlen sich vor einem Ost- oder Westfenster wohl. Die Temperatur sollte zwischen 13 und 21 °C liegen.

LICHT

Er verträgt keine pralle Sonne.

WÄSSERN UND DÜNGEN

Vom Frühjahr bis zum Herbst wässern, sobald die Substratoberfläche ausgetrocknet ist. Im Winter Ballen leicht feucht halten. In der warmen Jahreszeit monatlich, im Winter gar nicht düngen. Verzeiht bis zu einem gewissen Grad unregelmäßiges Wässern.

SONSTIGE PFLEGE

Blätter gelegentlich abwischen und totes Laub abzupfen. Braucht Luftfeuchtigkeit, daher auf eine Wasserschale mit Kieseln stellen und ab und an besprühen.

ALARM! (siehe S. 24–27)

Halte Ausschau nach **Wollläusen** und **Schildläusen** auf dem Laub.

WELKE BLÄTTER

Möglicherweise wird die Pflanze zu viel oder zu wenig gegossen. Auch Wurzelfäule kann Laub welken lassen.

RETTUNG *Angemessen wässern (siehe links). Das Pflanzgefäß braucht einen guten Wasserabzug. Prüfe, ob die Wurzeln faulen, und entferne ggf. befallene Bereiche (siehe S. 28–29).*

BRAUNE BLATTSPITZEN

Sie deuten auf zu großzügiges Düngen oder falsches Wässern hin. Drachenbäume reagieren außerdem empfindlich auf Chemikalien im Wasser.

RETTUNG *Dünge und wässere jahreszeitengerecht (siehe links).*

GELBE BLÄTTER AM ANSATZ

Es ist normal, dass die Blätter nach einigen Jahren gelb werden und abfallen.

RETTUNG *Kein Grund zur Besorgnis. Zupfe die gelben Blätter einfach ab.*

Welkes Blatt

ÄHNLICH BEHANDELN

SCHMALBLÄTTRIGER GERANDETER DRACHENBAUM

Dracaena marginata

Wer wenig Platz hat, entscheidet sich für diese Art, da sie eine schmalere Form hat.

GERANDETER DRACHENBAUM

Dracaena reflexa

Ein weiterer Drachenbaum mit spiralig um den Stamm angeordneten Blättern

GLÜCKSBAMBUS

Dracaena sanderiana

Diese beliebte Feng-Shui-Pflanze wird oft mit gedrehten Trieben verkauft. Man kann den Glücksbambus in Erde oder Wasser kultivieren.

OPTIMALE PFLEGE

STANDORT

16–24 °C ist die Komfortzone für den Glücksbambus – kälter als 10 °C darf es nicht werden. Meide zugige Standorte mit starken Temperaturschwankungen.

LICHT

Ein heller Platz ohne direkte Sonne ist ideal.

WÄSSERN UND DÜNGEN

Reagiert empfindlich auf gechlortes, hartes Leitungswasser, sodass man am besten Regenwasser zum Gießen nimmt. Bei Kultur in Erde wässern, sobald sich das Substrat trocken anfühlt. Im Winter weniger wässern. Einmal im Frühjahr und einmal im Sommer düngen. In Wasser wachsende Exemplare werden alle paar Monate leicht gedüngt.

SONSTIGE PFLEGE

Glücksbambus in Erde alle 2 Jahre umtopfen. Wächst er in Wassergläsern, braucht er mindestens 5 cm hohes Wasser – die Wurzeln müssen im Wasser stehen. Einmal die Woche frisches, lauwarmes Wasser nachfüllen.

BRAUNE BLATTSPITZEN

Dies kann an Chemikalien im Wasser oder an zu trockener Luft liegen.

RETTUNG *Destilliertes, filtriertes oder Regenwasser verwenden. Könnte zu geringe Luftfeuchtigkeit das Problem sein, Blätter alle paar Tage mit einer Sprühflasche anfeuchten.*

ALGEN IM WASSER

Betrifft nur Pflanzen, die im Wasser wachsen. Ursache: Chemikalien im Leitungswasser oder zu viel Licht

RETTUNG *Gefäß und Kiesel reinigen. Evtl. auf ein undurchsichtiges Gefäß umsteigen und destilliertes, gefiltertes oder Regenwasser verwenden. Nicht in die pralle Sonne stellen.*

ZU LANGES ODER HELLGRÜNES LAUB

Die Pflanze bekommt zu wenig Licht.

RETTUNG *An einen helleren Platz stellen.*

ALARM!
(siehe S. 24–27)

Anfällig für **Wollläuse** auf dem Laub

GELBE BLÄTTER

Pflanze war zu großen Temperaturschwankungen oder zu starker Sonne ausgesetzt, wurde zu viel gedüngt oder zu wenig gegossen.

RETTUNG *Aus der prallen Sonne nehmen und für gleichmäßige Temperatur sorgen. Angemessen wässern und ggf. weniger düngen.*

GELBE TRIEBE

Ursache ist Wassermangel, schlecht gewordenes Wasser, zu starkes Düngen, Temperaturschwankungen oder zu wenig bzw. zu viel Licht. Der Trieb erholt sich nicht mehr.

RETTUNG *Gelben Trieb herausnehmen. Prüfen, ob angemessen gewässert und gedüngt wurde. Destilliertes, filtriertes oder Regenwasser verwenden.*

ECHEVERIE

Echeveria

Von ihr gibt es viele Arten und Sorten. Alle tragen winzige Blüten an hohen Stängeln.

OPTIMALE PFLEGE

STANDORT

Für eine Temperatur zwischen 10 und 24 °C sorgen. Sie verträgt auch weniger, solange das Substrat nicht nass ist.

LICHT

Braucht viel Licht und kommt sogar mit voller Sonne zurecht, sofern man die Pflanze nach und nach daran gewöhnt.

WÄSSERN UND DÜNGEN

Vom Frühjahr bis zum Herbst wässern, sobald die obersten 2–3 cm des Substrats austrocknen. Im Winter weniger gießen. Im Frühjahr und Sommer monatlich gießen.

SONSTIGE PFLEGE

Bedecke die Erde mit einer Schicht Kies. Das hält den Ansatz der Pflanze trocken und unterstreicht sie dekorativ. Der Topf sollte nicht zu groß sein, denn Echeverien mögen es leicht beengt. Mische etwas Kies in das Substrat, um die Drainage zu verbessern. Jungpflanzen brauchen mehr Pflege als große, gut eingewachsene Exemplare. Den Pflanzen tut es gut, wenn man ihnen einen Sommerurlaub draußen gönnt.

TROCKENE BLÄTTER AM ANSATZ

Es handelt sich lediglich um absterbende ältere Blätter: ein normaler Vorgang und kein Grund zur Sorge.

RETTUNG *Abgestorbene Blätter behutsam abzupfen.*

HELLE ODER BRAUNE BLATTFLECKEN

Ursache: Sonnenbrand oder Stellen, die nass geworden sind und dadurch faulen

RETTUNG *Pflanze aus der Sonne nehmen. Beim Gießen das Laub nicht mehr benetzen, daher von unten wässern (siehe S. 18–19).*

ALARM!

(siehe S. 24–27)

Auf dem Laub können **Wollläuse** sitzen. Steht die Pflanze im Sommer draußen, können sich **Dickmaulrüssler** an den Wurzeln festsetzen.

GELBE, TRANSPARENTE ODER MATSCHIGE BLÄTTER

Vermutlich auf zu starkes Wässern zurückzuführen. Kann die ganze Pflanze zum Faulen bringen.

RETTUNG *Weniger wässern und zugleich für gute Drainage sorgen.*

RUNZLIGES, SCHRUMPFENDES LAUB

Pflanze braucht Wasser.

RETTUNG *Ein paar Tage lang etwas mehr wässern, dann sollten die Blätter wieder anschwellen.*

ÄHNLICH BEHANDELN

ROSETTENDICKBLATT
Aeonium
Die rosettenbildenden Sukkulenten sind in allerlei Farbvarianten erhältlich.

TIGERRACHEN
Faucaria
Keine Angst vor den stachelig wirkenden »Zähnen« des Tigerrachens: Sie sind nicht scharf.

WEIHNACHTSSTERN

Euphorbia pulcherrima

Mit seinen roten Hochblättern kleidet er sich in ein Festtagsgewand. Kälte tut ihm nicht gut, weshalb man ihn beim Transport gut einpackt.

OPTIMALE PFLEGE

STANDORT
Warm und hell mit einer Temperatur zwischen 15 und 23 °C. Zugluft vermeiden. Nicht neben Heizkörper stellen. Wichtig ist eine gleichbleibende Temperatur.

LICHT
Möglichst viel Helligkeit, aber keine direkte Sonne

WÄSSERN UND DÜNGEN
Erde feucht halten, aber Staunässe vermeiden. Erst wieder gießen, wenn sich die obersten 1–2 cm trocken anfühlen. Überschüssiges Wasser ablaufen lassen.

SONSTIGE PFLEGE
Bei hoher Luftfeuchtigkeit halten die Hochblätter länger. Stelle die Pflanze daher nicht neben Wärmequellen wie Heizkörper und auch nicht in Räume mit Zentralheizung.

HELLE BLÄTTER UND HOCHBLÄTTER

Kommt bei älteren Pflanzen vor, kann aber auch auf zu wenig Licht oder zu viel Wärme zurückzuführen sein

RETTUNG *Hell platzieren. Ist es im Zimmer wärmer als 23 °C, kühler stellen. Für hohe Luftfeuchtigkeit sorgen.*

BRAUNE BLATTSPITZEN ODER -RÄNDER

Die Luft ist zu trocken.

RETTUNG *Pflanze häufig besprühen, vor allem wenn sie in einem Zimmer mit Zentralheizung steht.*

ALARM!
(siehe S. 24–27)
Auf dem Laub können sich **Wollläuse** und **Rote Spinnmilben** festsetzen.

GELBE, HÄNGENDE BLÄTTER

Dem Weihnachtsstern ist es zu warm oder zu trocken. Vielleicht bekommt er nicht genug Licht oder Wasser.

RETTUNG *Abstand zu Heizkörpern halten und an einen hellen Platz stellen. Wässern, falls das Substrat trocken ist. Luftfeuchtigkeit erhöhen.*

HOCHBLÄTTER VERSCHWINDEN

Das passiert im Frühjahr, man kann aber versuchen, die Pflanze im Winter wieder zur Bildung der roten Blätter anzuregen.

RETTUNG *Im April auf etwa 10 cm Höhe zurückschneiden, umtopfen und wässern. Im Sommer an einen hellen, etwa 15 °C kühlen Platz ohne direkte Sonne bringen. Im Frühherbst 10 Wochen lang jede Nacht 14 Stunden in einen Schrank stellen oder mit schwarzer Folie abdecken. Dann sollte er Weihnachten wieder blühen.*

PFLANZE WELKT ODER VERLIERT BLÄTTER

Wenn die Blätter welk werden, fallen sie oft ab. Schuld kann Kälte, Zugluft, falsches Wässern oder eine plötzliche Veränderung der Bedingungen sein.

RETTUNG *Vertrocknete Pflanzen eine Stunde in lauwarmes Wasser stellen. Zu stark gewässerte Exemplare auf Wurzelfäule prüfen und betroffene Stellen entfernen (siehe S. 28–29). Substrat vor dem nächsten Gießen austrocknen lassen. An einen warmen Platz ohne Zugluft stellen. War der Weihnachtsstern zu niedrigen Temperaturen ausgesetzt, geht er evtl. ein.*

GEIGEN-FEIGE

Ficus lyrata

Der üppige, exotische Baum bringt Dschungelflair in dein Wohnzimmer.

Ganze Pflanze

OPTIMALE PFLEGE

STANDORT

Geigen-Feigen brauchen einen hellen Platz in einem warmen Raum mit 18–24 °C. Abstand zu Heizkörpern halten. Keine Zugluft, im Winter keine Temperaturen unter 13 °C. Pflanze immer am selben Standort lassen, da sie Umzüge nicht verträgt.

LICHT

Möglichst hell stellen, doch direkte Sommersonne versengt die Blätter.

WÄSSERN UND DÜNGEN

Vom Frühjahr bis zum Herbst erst wässern, wenn die oberen 2–3 cm Substrat trocken sind. Im Winter weniger gießen. Im Frühjahr und Sommer monatlich düngen.

SONSTIGE PFLEGE

Blätter gelegentlich entstauben. Hin und wieder besprühen – vor allem im Sommer und in Räumen mit Zentralheizung. Stamm evtl. mit einem Stab stützen. Jüngere Pflanzen jedes Frühjahr in einen geringfügig größeren Topf umpflanzen, bei älteren nur die oberen 5 cm des Substrats austauschen.

ALARM!
(siehe S. 24–27)

Wollläuse, Schildläuse und **Rote Spinnmilben** können dem Laub zusetzen.

ABFALLENDE BLÄTTER

Wenn die Feige plötzlich ihre Blätter verliert, liegt es möglicherweise daran, dass sie umgestellt wurde. Als Ursache kommen aber auch trockene Luft, falsches Wässern und Düngen, Kälte und Hitze oder Zugluft infrage.

RETTUNG *Lasse die Pflanze immer am selben Platz stehen. War das der Fall, steht sie evtl. von Haus aus ungünstig oder wird falsch gepflegt.*

BRAUNE BLATTSPITZEN

Dies ist vermutlich auf zu trockene Luft oder ungleichmäßiges Wässern zurückzuführen.

RETTUNG *Laub regelmäßig besprühen, vor allem in Räumen mit Zentralheizung. In regelmäßigen Abständen wässern, aber nassen Wurzelballen vermeiden.*

DUNKLE FLECKEN AUF BLÄTTERN

Dunkle Flecken deuten auf Sonnenbrand hin, kleine dunkle Sprenkel auf die Blattfleckenkrankheit (siehe S. 28–29).

RETTUNG *Aus der Sonne nehmen und geschädigte Blätter entfernen.*

ÄHNLICH BEHANDELN

BIRKEN-FEIGE
Ficus benjamina
Auch sie mag weder Zugluft noch Zentralheizung und verträgt keine Standortwechsel.

GUMMIBAUM
Ficus elastica
Eine anspruchslose Alternative zur Geigen-Feige. Die Blätter häufig abwischen. Nicht zu viel wässern.

SILBERNETZBLATT

Fittonia

Die Bewohnerin peruanischer Regenwälder wird wegen ihrer Zeichnung geschätzt. Bei der Variante hier ist sie durch die rosa Färbung besonders auffällig.

OPTIMALE PFLEGE

STANDORT

Das Silbernetzblatt braucht viel Wärme, ideal ist daher ein Raum mit 15–23 °C, etwa das Badezimmer oder die Küche, falls dort gleichbleibende Temperaturen herrschen. Es lässt sich auch gut in Terrarien ziehen.

LICHT

Keine direkte Sonne – die meisten Fensterbänke sind zu hell. In den Halbschatten stellen.

WÄSSERN UND DÜNGEN

Vom Frühjahr bis zum Herbst reichlich mit lauwarmem Wasser gießen, sobald sich das Substrat trocken anfühlt. Wasser jedoch gut ablaufen lassen. Im Winter weniger gießen. Nasses, kaltes Substrat vermeiden.

SONSTIGE PFLEGE

Pflanze auf eine kieselgefüllte Wasserschale stellen und täglich besprühen, um möglichst viel Luftfeuchtigkeit zu erzeugen.

ALARM!
(siehe S. 24–27)

Blattlaus-Gefahr

Blattläuse auf der Unterseite eines Jungblatts

PFLANZE GEHT EIN

Das Silbernetzblatt kann in sich zusammenfallen, wenn das Substrat zu trocken wird.

RETTUNG *Gut wässern und Blätter besprühen. Immer angemessen wässern (siehe links). Ist der Wurzelballen längere Zeit zu trocken, erholt sich die Pflanze evtl. nicht wieder.*

BRAUNE BLATTSPITZEN

Auf zu trockene Luft zurückzuführen

RETTUNG *Laub regelmäßig befeuchten. Pflanze auf eine mit Wasser und Kieseln gefüllte Schale stellen.*

GELBE BLÄTTER

Ursache ist vermutlich zu starkes Wässern.

RETTUNG *Das Silbernetzblatt mag es feucht, verträgt aber keine Staunässe. Zwicke gelbes Laub ab und lasse das Substrat zwischen dem Wässern austrocknen.*

ÄHNLICH BEHANDELN

SAMTPFLANZE
Gynura aurantiaca
Es fällt schwer, dieser Pflanze nicht über die samtigen Blätter zu streichen. Sie hat ähnliche Ansprüche wie das Silbernetzblatt, mag es aber heller.

PUNKTBLUME
Hypoestes phyllostachya
Sie verträgt mehr Licht als das Silbernetzblatt und eignet sich ebenfalls für Terrarien.

EFEU

Hedera helix

Im Gegensatz zu vielen anderen Zimmerpflanzen mag es Efeu nicht warm. Die Hänge- und Kletterpflanze ist daher in einem kühlen Raum am besten aufgehoben.

OPTIMALE PFLEGE

STANDORT

Ein kühler oder sogar kalter Raum mit 2–16 °C. Kann an einer Kletterhilfe, in einer Blumenampel oder in einem Topf auf einem Regal kultiviert werden. Gut für unbeheizte Veranden oder zugige Durchgänge.

LICHT

Hell, aber ohne direkte Sonne. Nicht panaschierte Formen kommen mit weniger Licht aus.

WÄSSERN UND DÜNGEN

Erde von Frühjahr bis Herbst feucht halten, aber Nässe vermeiden. Erst wässern, wenn die oberen 2–3 cm des Substrats trocken sind. Im Winter weniger gießen. Im Frühjahr und Sommer monatlich düngen.

SONSTIGE PFLEGE

Blätter an warmen Tagen besprühen. Im Frühjahr umtopfen, wenn die Wurzeln den Topf komplett ausfüllen.

LANGTRIEBIGER WUCHS

Zu warmer Raum oder zu wenig Licht

RETTUNG

Pflanze an einen kühlen, hellen Platz umsiedeln. Unschön lange Triebe abschneiden, um einen buschigeren Wuchs zu erreichen.

BRAUNE BLATTSPITZEN ODER -RÄNDER

Dies kommt bei zu warmer, trockener Luft vor.

RETTUNG *Pflanze besprühen oder kühler stellen, vor allem wenn sie in einem beheizten Raum steht oder es draußen sehr warm ist.*

PANASCHIERTE BLÄTTER WERDEN REIN GRÜN

Die Pflanze bekommt zu wenig Licht.

RETTUNG *Heller stellen.*

ALARM! (siehe S. 24–27)

Anfällig für **Rote Spinnmilben**

ÄHNLICH BEHANDELN

JAPANISCHE AUKUBE
Aucuba japonica
Der immergrüne Strauch ist an einem kühlen Platz, etwa in einem Durchgang oder auf einer Veranda, am besten aufgehoben.

ZIMMERARALIE
Fatsia japonica
Dieser immergrüne Strauch braucht mehr Licht als Efeu, stellt ansonsten aber ähnliche Ansprüche.

AMARYLLIS

Hippeastrum

Diese Zwiebelpflanze wird oft mit dekorativem Topf als Set verkauft. Bei richtiger Pflege begeistert sie Jahr für Jahr aufs Neue mit Prachtblüten.

OPTIMALE PFLEGE

STANDORT

Pflanze an einen hellen Platz mit etwa 20 °C Raumtemperatur stellen. Zugluft vermeiden. Während der Blüte ggf. an einen kühleren Platz stellen, um die Blühdauer zu verlängern.

LICHT

Amaryllis brauchen viel Licht, vertragen aber keine direkte Sonne.

WÄSSERN UND DÜNGEN

Substrat feucht halten, aber Staunässe vermeiden. Monatlich düngen.

SONSTIGE PFLEGE

Amaryllis werden als Zwiebel oder fertig eingetopft angeboten. Der Topf sollte nicht viel größer als die Zwiebel sein. Verwende Universalerde und mische Perlit zur Verbesserung der Drainage dazu. Zwiebel im Herbst oder Winter nicht komplett eingraben – Spitze und Hals sollten noch herausragen. Sie blüht 6–8 Wochen nach dem Einsetzen. Drehe den Topf regelmäßig, damit sie nicht einseitig zum Licht wächst.

ALARM!
(siehe S. 24–27)

Auf oder unter den Blättern können **Wollläuse** sitzen.

KEINE BLÜTEN

Amaryllis verblühen im Frühjahr, doch kann man sie im nächsten Winter bzw. Frühjahr wieder zum Blühen bringen.

RETTUNG *Nach der Blüte wird der Blütenstängel bis etwa 5 cm oberhalb der Zwiebel gekappt. Anschließend düngt und wässert man normal weiter. Im zeitigen Herbst gewährt man der Pflanze eine Ruhephase in einem 10–13 °C kühlen Raum. Das Wässern und Düngen muss für diesen Zeitraum, in dem das Laub einzieht, unterbrochen werden. Nach 8–10 Wochen ersetzt man die obersten 5 cm Substrat durch frische Erde, stellt die Pflanze wieder in ein warmes Zimmer und düngt bzw. wässert wie zuvor. 6–8 Wochen später sollte sie erneut blühen.*

DER BLÜTENSTAND ENT-WICKELT SICH LANGSAM

Das Zimmer ist womöglich zu kühl.

RETTUNG *Stelle die Amaryllis an einen wärmeren Platz mit etwa 20 °C. Das Substrat sollte feucht, aber nicht nass sein.*

KEINE BLÜTE IM NÄCHSTEN WINTER

Die Pflanze hatte evtl. keine ausreichend lange Ruhephase.

RETTUNG *Gewähre ihr eine Ruhephase von 8–10 Wochen. Nach dem Austrieb braucht sie ausreichend Licht und angemessene Pflege (siehe links).*

KENTIAPALME

Howea forsteriana

Die pflegeleichte Palme wird schon seit dem 19. Jahrhundert als Zimmerschönheit geschätzt. Sie bringt Eleganz in jedes Ambiente.

OPTIMALE PFLEGE

STANDORT

Im Sommer bei 18–24 °C kultivieren, im Winter nicht kälter als 12 °C stellen. Braucht hohe Luftfeuchtigkeit und sollte nicht neben Heizkörpern stehen.

LICHT

Viel Helligkeit, aber keine direkte Sonne, da die Blätter versengen können

WÄSSERN

Im Frühjahr und Sommer so wässern, dass das Substrat leicht feucht ist, dazwischen aber leicht austrocknen lassen. Im Winter weniger gießen.

SONSTIGE PFLEGE

Blätter regelmäßig säubern, zum Beispiel mit einer lauwarmen Dusche oder Sommerregen. Nur umtopfen, wenn die Wurzeln oben aus dem Topf oder durch die Abzugslöcher wachsen. Durch Besprühen der Blätter die Luftfeuchtigkeit erhöhen – besonders in einem warmen Raum. Im Frühjahr und Sommer monatlich düngen.

Ganze Pflanze

BRAUNE BLATTSPITZEN

Ursachen können ein warmer, trockener Raum, Zugluft, Wassermangel und zu starkes Wässern sein.

RETTUNG *Falls die Palme neben einem Heizkörper steht, umsetzen. Evtl. wärmer stellen. Wässern, falls das Substrat trocken ist. Braune Spitzen mit der Schere abschneiden, ohne in die grünen Blattbereiche zu schneiden.*

ALARM!
(siehe S. 24–27)

Laub ist anfällig für **Schildläuse**, **Wollläuse** und **Rote Spinnmilben**.

MATTE BLATTFARBE

Mangelnder Glanz ist evtl. auf zu geringe Luftfeuchtigkeit zurückzuführen.

RETTUNG *Regelmäßig besprühen, nicht neben Heizkörper stellen.*

GELBE BLÄTTER

Werden untere Blätter gelb, kann das altersbedingt sein. Ansonsten deutet es auf Wassermangel, Zugluft, Nährstoffmangel oder einen verdichteten Ballen hin.

RETTUNG *Pflege optimieren (siehe links).*

BRAUNE BLÄTTER

Es ist normal, dass untere, ältere Blätter absterben, doch kann auch zu starkes Wässern die Ursache sein.

RETTUNG *Unschöne braune Blätter bis zum Ansatz abschneiden. Angemessen wässern (siehe links).*

ÄHNLICH BEHANDELN

ZIERLICHE BERGPALME
Chamaedorea elegans
Eine unkomplizierte Palme, die mit einer Höhe von bis zu 1 m recht klein bleibt.

GOLDFRUCHTPALME
Dypsis lutescens
Sie stellt die gleichen Ansprüche wie die Kentiapalme, mag also viel Licht und Luftfeuchtigkeit.

DIE FÜNF BESTEN FÜR DAS BADEZIMMER

Pflanzen bringen eine üppige, dschungelartige Atmosphäre ins Badezimmer. Viele mögen die hohe Luftfeuchtigkeit, die durch Duschen und Wannenbäder dort entsteht. Hier fünf der besten »Badnixen«.

Silbernetzblatt

Fittonia

Diese Schönheit aus dem Regenwald begeistert durch ihr geädertes Laub. Sie mag es feucht und ist daher wie geschaffen für Bäder, braucht aber halbschattige Plätze.

Siehe Silbernetzblatt auf S. 78–79

Frauenhaarfarn

Adiantum raddianum

In Badezimmern, in denen viel gebadet und geduscht wird, fühlt sich dieser Farn wohl, denn er braucht hohe Luftfeuchtigkeit. Er trägt ansprechend gefiedertes Laub.

Siehe Frauenhaarfarn auf S. 105

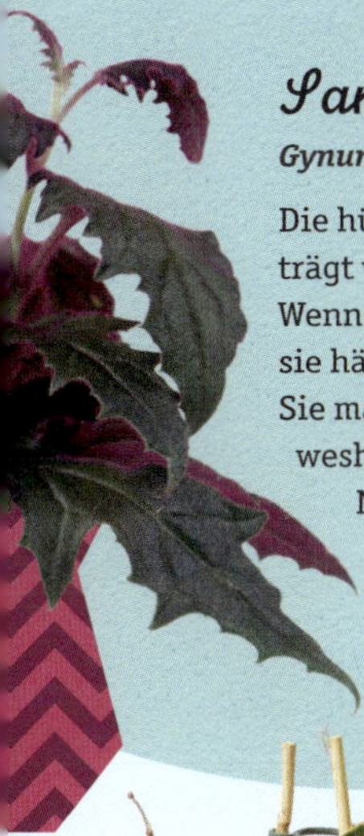

Samtpflanze

Gynura aurantiaca

Die hübsche Blattschmuckpflanze trägt weiches, samtiges Laub. Wenn sie älter wird, beginnt sie hängend zu wachsen. Sie mag es feucht und hell, weshalb man sie in die Nähe des Badezimmerfensters stellt.

Siehe Samtpflanze auf S. 79

Schwertfarn

Nephrolepis exaltata 'Bostoniensis'

Hohe Luftfeuchtigkeit tut dem Schwertfarn gut, er ist daher eine ausgezeichnete Wahl für Badezimmer. Besonders gut zur Geltung kommen seine ausladenden Wedel in Ampeln.

Siehe Schwertfarn auf S. 93

Porzellanblume

Hoya carnosa

Diese Kletterpflanze trägt einnehmende, wächserne Blätter. Ihr abendlicher Duft macht sie zum perfekten Begleiter eines entspannenden nächtlichen Bads. Sie braucht jedoch viel Licht und Luftfeuchtigkeit.

Siehe Porzellanblume auf S. 88–89

PORZELLANBLUME

Hoya carnosa

Vor allem am Abend duften die hübschen Blüten dieser Kletterpflanze. Die Sorte 'Variegata' trägt Blätter mit cremegelbem Rand.

Ganze Pflanze

OPTIMALE PFLEGE

STANDORT
An einem Klettergerüst oder Stab bei 18–24 °C Zimmertemperatur ziehen. Im Winter nicht kühler als 10 °C stellen. Kann recht groß werden, braucht daher viel Platz.

LICHT
An einen hellen Platz ohne direkte Sonne stellen, da die Blätter sonst versengen.

WÄSSERN UND DÜNGEN
Vom Frühjahr bis zum Herbst immer dann wässern, wenn sich das Substrat trocken anfühlt. Die Erde sollte feucht, aber nicht nass sein. Im Winter fast trocken halten. Vom Frühjahr bis zum späten Herbst monatlich düngen.

SONSTIGE PFLEGE
Braucht durchlässiges Substrat. Auf eine kiesel- und wassergefüllte Schale stellen. Blätter besprühen, besonders in trockenen Räumen. Nicht besprühen, umstellen oder umtopfen, wenn die Pflanze Knospen oder Blüten trägt. Im Frühjahr die obersten 5 cm Substrat durch frische Erde austauschen. Nur umtopfen, wenn der Wurzelballen verdichtet ist. Blütenstängel nicht abschneiden.

ABFALLENDE BLÜTENKNOSPEN

Erde ist zu trocken oder zu nass, Pflanze wurde umgestellt oder umgetopft, während sie Knospen trug.

RETTUNG *Pflanze an ihrem Platz stehen lassen, wenn sie Knospen oder Blüten trägt. Artgerecht wässern (siehe links).*

KEINE BLÜTEN

Die Pflanze braucht keinen allzu hellen Standort und verträgt es relativ dunkel, blüht dann aber nicht. Vielleicht wurden die Blütenstängel abgeschnitten.

RETTUNG *An einen helleren Platz stellen. Jeder Blütenstängel trägt viele Jahre lang Flor, daher nicht abschneiden, welke Blüten von selbst abfallen lassen.*

ALARM!
(siehe S. 24–27)

Wollläuse, **Weiße Fliegen**, **Schildläuse** und **Blattläuse** können die Pflanze plagen.

BLÜTEN TROPFEN

Das ist normal, denn die Blüten locken mit Nektar Bestäuber an.

RETTUNG
Nicht nötig!

ÄHNLICH BEHANDELN

ZWERG-PORZELLANBLUME
Hoya bella
Sie bleibt kleiner als die Porzellanblume, bevorzugt aber höhere Temperaturen. Im Winter sollte sie nicht kühler als 16 °C stehen.

SCHWARZES, GELBES ODER ABFALLENDES LAUB

Dies kann auf zu starkes Wässern oder zu viel Kälte zurückzuführen sein.

RETTUNG *Staunässe vermeiden und weniger gießen. Pflanze ggf. an einen wärmeren Platz stellen.*

Dunkle Blattflecken

FLAMMENDES KÄTHCHEN

Kalanchoe blossfeldiana

Diese Sukkulenten sind ganzjährig erhältlich.

ALARM!
(siehe S. 24–27)

Laub ist anfällig für **Wollläuse** und **Rote Spinnmilben**.

OPTIMALE PFLEGE

STANDORT
Bei 18–24 °C, im Winter nicht unter 10 °C kultivieren.

LICHT
Braucht viel Licht und verträgt auch etwas volle Sonne – ideal ist im Frühjahr und Sommer ein Ost- oder Westfenster, im Winter ein Südfenster.

WÄSSERN UND DÜNGEN
Erst wässern, wenn die obersten 2–3 cm des Substrats ausgetrocknet sind. Im Winter spärlicher gießen. Staunässe durch guten Wasserabzug vermeiden. Wer die Pflanze nach dem Blühen nicht entsorgt, düngt im Frühjahr und Sommer monatlich.

SONSTIGE PFLEGE
Welke Blüten abzwicken. Nach der Blüte Blütenstängel abschneiden. Viele werfen die Pflanze nach dem Verblühen weg, doch kann man sie bei entsprechender Pflege in der nächsten Saison wieder zum Blühen bringen (siehe: Keine Blüten mehr).

KEINE BLÜTEN MEHR
Die Pflanze verblüht nach etwa 8 Wochen, kann aber wieder zum Blühen gebracht werden.

RETTUNG *Stelle das Käthchen im Sommer nach draußen und im Herbst, wenn es kälter wird, wieder nach drinnen. Es benötigt einen kühlen, aber hellen Platz, an dem es nicht mehr gedüngt und weniger gewässert wird. Mindestens einen Monat lang braucht die Pflanze 14 Stunden Dunkelheit, um wieder zu blühen. Steht sie in einem Raum mit künstlichem Licht, stellt man sie in einen Schrank. Bilden sich nach 8 Wochen Blütenknospen, düngt und wässert man wieder normal.*

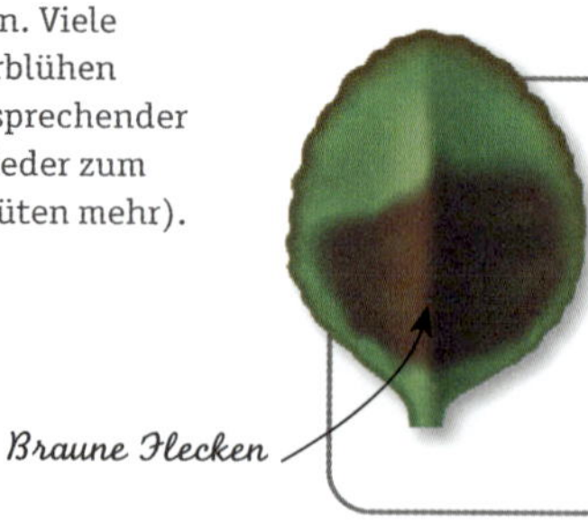

BRAUNE BLATTFLECKEN
Vermutlich Sonnenbrand

RETTUNG *Pflanze aus der prallen Sonne nehmen.*

ROTE BLATTRÄNDER

Kein Grund zur Besorgnis: Die Blätter entwickeln einen roten Rand, wenn sie viel Sonne abbekommen.

RETTUNG *Nicht nötig. Evtl. Sonnenbrand vermeiden.*

WELKE PFLANZE

Ursache: zu viel Kälte, zu viel oder zu wenig Wasser

RETTUNG *Stelle dein Käthchen an einen warmen Platz, aber nicht an ein Fenster, wo es nachts zu kalt werden kann. Auch verträgt die Pflanze keinen Zug. Angemessen wässern (siehe links).*

ÄHNLICH BEHANDELN

CALANDIVA
Kalanchoe
Calandiva®-Serie
Diese Form trägt Unmengen kleiner, rosenartiger, gefüllter Blüten, stellt ansonsten aber dieselben Ansprüche wie das Flammende Käthchen.

BRAUNE, SCHWARZE ODER MATSCHIGE TRIEBE

Ursache: Stängelfäule. Wird durch zu starkes Wässern verursacht.

RETTUNG
Geschädigte Stellen entfernen (siehe S. 28–29).

KROKODILFARN

Microsorum musifolium

Mit seiner Blattoberfläche, die an runzlige Krokodilhaut erinnert, ist dieser Farn die Idealbesetzung für Küchen und Badezimmer, wo ihm die hohe Luftfeuchtigkeit behagt.

OPTIMALE PFLEGE

STANDORT
Braucht 13–24 °C. Nicht neben Wärmequellen wie Heizkörper stellen.

LICHT
Ideal ist ein Platz im lichten Schatten ohne direkte Sonne. Im Winter kann man den Farn näher ans Fenster stellen.

WÄSSERN UND DÜNGEN
Von Frühjahr bis Frühherbst lässt man die oberste Substratschicht zwischen dem Wässern fast austrocknen, im Winter wässert man erst, wenn sie ganz trocken ist.

SONSTIGE PFLEGE
Ist der Ballen stark durchwurzelt, siedelt man den Farn in einen größeren Topf mit einem Mix aus Garten- und Universalerde um.

BLÄTTER GELB UND BLASS

Der Farn bekommt zu viel Licht ab.

RETTUNG *An einen dunkleren Platz stellen.*

ANSATZ UND STIELE WEICH

Diese Teile sind von Fäulnis betroffen.

RETTUNG *Nicht mehr direkt am Ansatz wässern. Das Wasser darf sich dort auch nicht sammeln, denn es lässt die Pflanze faulen.*

ALARM!
(siehe S. 24–27)

Woll- und **Schildläuse** können zum Problem werden.

BRÜCHIGE BLÄTTER

Sie deuten auf Wassermangel oder zu trockene Luft hin.

RETTUNG *Mehr wässern. Nicht in die Nähe von Heizkörpern stellen, sondern dorthin, wo die Luftfeuchtigkeit höher ist, etwa in Küche oder Bad.*

ÄHNLICH BEHANDELN

SCHWERTFARN
***Nephrolepis exaltata* 'Bostoniensis'**
Dieser Klassiker braucht durchgehend feuchtes Substrat. Vom Frühjahr bis zum Herbst tut ihm eine monatliche Düngergabe gut.

NESTFARN
Asplenium nidus
Er bildet eine Blattrosette, die ein bisschen an ein Vogelnest erinnert. Wische die Blätter gelegentlich ab, damit sie glänzend bleiben. Der Farn kommt mit wenig Licht zurecht.

MIMOSE

Mimosa pudica

Die Pflanze ist ein echter Partyknüller: Bei Berührung klappen die Fiederblättchen zusammen und gleichzeitig knickt das ganze Blatt nach unten.

OPTIMALE PFLEGE

STANDORT
Bei 18–24 °C kultivieren. Mindesttemperatur im Winter: 15 °C

LICHT
Braucht viel Licht und auch volle Sonne.

WÄSSERN UND DÜNGEN
Substrat feucht (im Winter nur leicht feucht) halten, aber Nässe vermeiden. Im Frühjahr und Sommer monatlich düngen.

SONSTIGE PFLEGE
Mimosen mögen es feucht, sollten daher auf eine kieselgefüllte Wasserschale gestellt werden. Im Sommer erscheinen hübsche rosa Blüten. Wer selber pflanzen möchte: Mimosen lassen sich leicht aus Samen ziehen.

REAGIERT LANGSAM AUF BERÜHRUNG UND ENTFALTET SICH AUCH SCHWER

Sie wurde zu oft berührt und ist unempfindlich geworden. Nach dem Berühren kann es bis zu einer halben Stunde dauern, bis die Blätter sich wieder entfalten.

RETTUNG *Lasse die Pflanze eine Weile in Ruhe. Sie braucht evtl. mehrere Wochen, bis sie wieder empfindlich wird.*

ALARM! (siehe S. 24–27)
Das Laub kann von **Roten Spinnmilben** befallen werden.

Ganze Pflanze

PFLANZE WIRD GROSS UND LANGTRIEBIG

Das ist normal. Die Pflanze wird mit der Zeit unansehnlich. Viele werfen sie nach der Blüte im Herbst weg.

RETTUNG *Auf die gewünschte Größe zurückschneiden, im Frühjahr neu ansäen oder frisch kaufen.*

BLÄTTER SCHLIESSEN SICH OHNE BERÜHRUNG

Die Pflanze reagiert auch, wenn sie geschüttelt oder vom Wind bewegt wird. In der Nacht klappen die Blätter von Haus aus zusammen.

RETTUNG *Nicht nötig!*

BLÄTTER WERDEN GELB UND FALLEN AB

Der Pflanze ist es vermutlich zu kalt.

RETTUNG *An einen wärmeren Platz stellen.*

GROSSES FENSTERBLATT

Monstera deliciosa

In den 1970er-Jahren war das Große Fensterblatt die Modepflanze schlechthin. Inzwischen feiert sie ein Comeback.

OPTIMALE PFLEGE

STANDORT

Pflanze verträgt Temperaturen von 10–24 °C, wächst aber nur, wenn es wärmer als 18 °C ist. Sie braucht viel Platz.

LICHT

An einen hellen bis halbschattigen Platz stellen, etwa 1–2 m vor einem Fenster. Es verträgt keine direkte Sonne.

WÄSSERN UND DÜNGEN

Erst wieder wässern, wenn die Substratoberfläche trocken ist. Im Frühjahr und Sommer monatlich düngen.

SONSTIGE PFLEGE

Blätter gelegentlich abwischen, um Staub zu entfernen, und besprühen. Sobald die Pflanze 75 cm hoch ist, muss sie gestützt werden, etwa mit einem Moos- oder Bambusstab. Die langen Luftwurzeln in das Substrat oder an die Stütze führen. Junge Exemplare im Frühjahr umtopfen, bei älteren nur die obersten 5 cm Topferde durch frisches Substrat ersetzen.

GELBES LAUB

Häufigste Ursache: Überwässern, vor allem, wenn auch noch die Blätter welken, was auf Wurzelfäule hindeutet. Bisweilen kommt ferner Nährstoffmangel infrage. Wenn die unteren, kleinen Blätter mit der Zeit gelb werden, ist das normal.

RETTUNG *Weniger wässern. Vom Frühjahr bis zum Herbst monatlich düngen. Nach faulenden Wurzeln absuchen und befallene Stellen abschneiden. Mehr unter Krankheiten (S. 28–29).*

BRAUNE BLATTSPITZEN UND -RÄNDER

Ursache: zu trockene Luft, zu wenig Wasser, zu niedrige Temperaturen oder zu kleiner Topf

RETTUNG *Steht die Pflanze in einem Raum mit mehr als 24 °C und trockener Luft, auf eine Wasserschale mit Kieseln stellen und Blätter häufig besprühen. Nicht in die Nähe von Heizkörpern oder zu kühl stellen. Bei Bedarf umtopfen.*

PFLANZE »WEINT«

Mitunter tropft Wasser nach dem Gießen vom Laub. Das wird Guttation genannt und ist ein normaler Vorgang.

RETTUNG *Kommt es häufiger vor, kann es sein, dass du zu viel wässerst. Reduziere etwas.*

ALARM!

(siehe S. 24–27)

Auf der Blattunterseite können sich **Wollläuse** festsetzen.

BLÄTTER OHNE EINSCHNITTE

Jungpflanzen und frische Triebe tragen Blätter ohne Einschnitte. Erscheinen sie an älteren Trieben, fühlt sich die Pflanze nicht wohl.

RETTUNG *Bei Jungpflanzen gilt: abwarten! Ansonsten sollte das Exemplar nicht kühler als 18 °C stehen und angemessen gewässert, gedüngt und gepflegt werden (siehe links).*

ÄHNLICH BEHANDELN

Thaumatophyllum xanadu

Diese früher der Gattung Philodendron *zugerechnete, kürzlich umbenannte Pflanze kommt mit sehr wenig Licht aus. Sie bildet einen üppigen rundlichen Horst aus dunkelgrünen Blättern. Halte ihn bei 15–24 °C und topfe ihn alle 2–3 Jahre um.*

GESCHLITZTES FENSTERBLATT

Monstera adansonii

Eine Art mit ungewöhnlichen ovalen Löchern im Laub

HASENOHRKAKTUS

Opuntia microdasys

Hüte dich vor den feinen Härchen des Hasenohrkaktus. Sie sehen weich aus, verhaken sich jedoch in der Haut und schmerzen lange Zeit.

OPTIMALE PFLEGE

STANDORT

Stelle den Kaktus an einen warmen Platz mit 13–29 °C. Im Winter darf er kühler stehen, da ihn das zum Blühen bringt, aber Frost verträgt er nicht.

LICHT

Darf immer in der vollen Sonne stehen. An heißen Tagen Luft zirkulieren lassen.

WÄSSERN UND DÜNGEN

Im Frühjahr und Sommer die obersten 2 cm des Substrats austrocknen lassen, bevor gewässert wird. Erde im Herbst fast und im Winter völlig trocken lassen. Von Frühjahr bis Herbst monatlich düngen.

SONSTIGE PFLEGE

In Kaktuserde pflanzen. Beim Umgang mit der Pflanze Kakteenhandschuhe tragen. Die Härchen wirken weich, bohren sich aber schmerzhaft in die Haut und lassen sich nur schwer wieder entfernen.

ALARM! (siehe S. 24–27) | Anfällig für **Wollläuse**, **Schildläuse** und **Rote Spinnmilben**

SEGMENTE SCHRUMPELN

Die Ursache ist Wassermangel. Auch Kakteen brauchen Wasser!

RETTUNG *Substrat ein paar Tage lang täglich nur ein bisschen wässern. Die Pflanze darf aber nicht in nasser Erde sitzen.*

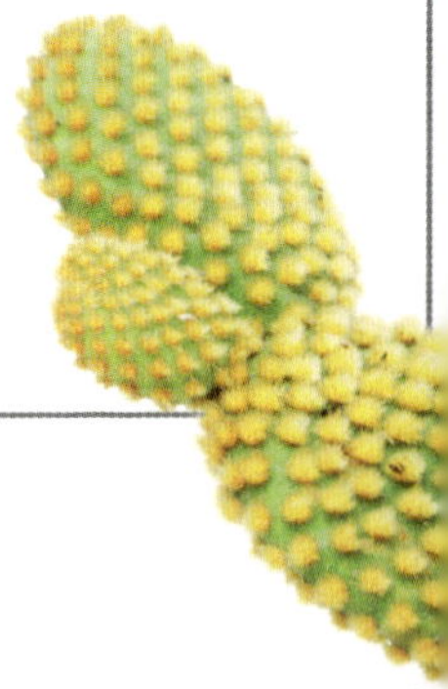

PFLANZE WIRD MATSCHIG

Sie fault. Ursache ist zu starkes Wässern in Kombination mit niedrigen Temperaturen.

RETTUNG *Je nachdem, wie weit die Fäulnis fortgeschritten ist, Pflanze in frische Kaktuserde setzen und faulige Teile abschneiden.*

BLÜHT NICHT

Manche Kakteen (etwa *Mammillaria, Opuntia, Astrophytum* und *Rebutia*) lassen sich nach einigen Jahren zum Blühen bringen.

RETTUNG *Höre im Herbst auf zu wässern. Im Winter stellt man die Pflanze in einen kühlen, hellen Raum und hält das Substrat trocken. Im Frühjahr bringt man sie an einen wärmeren Platz und fängt wieder an, leicht zu wässern und zu düngen. In kleinen Töpfen zeigt sich die Pflanze blühfreudiger.*

BRAUNE/WEISSE STELLEN

Vermutlich Sonnenbrand. Er kommt vor, wenn die Pflanze sehr intensiver Sonne ausgesetzt ist.

RETTUNG *Im Sommer aus der prallen Mittagssonne nehmen.*

SEGMENTE PLATZEN

Ursache ist zu starkes Wässern.

RETTUNG *Höre auf zu wässern – die Narbe sollte wieder heilen. Wässere angemessen (siehe links). Substrat und Topf müssen durchlässig sein.*

ÄHNLICH BEHANDELN

MÖNCHSKAPPE
Astrophytum ornatum
Der kleine Kaktus hat eine rundliche Form und setzt bisweilen gelbe Blüten an.

REBUTIA-KAKTUS
Rebutia
Ein beliebter Kaktus mit hübschen, röhrenförmigen Blüten, die sich in der Nähe des Ansatzes bilden.

SILBERBLATT-PEPEROMIE

Peperomia argyreia

Die dunkelgrünen, gestreiften Blätter dieser unkomplizierten Tropenschönheit erinnern an die Schale von Wassermelonen.

OPTIMALE PFLEGE

STANDORT

Während der Wachstumsperiode von Frühjahr bis Herbst sind 15–24 °C ideal. Im Winter sollten es mindestens 10 °C sein.

LICHT

Die Pflanze braucht einen hellen Standort ohne direkte Sonne.

WÄSSERN UND DÜNGEN

Vom Frühjahr bis zum Herbst mit lauwarmem Wasser düngen, sobald das Substrat auszutrocknen beginnt. Im Winter fast nicht wässern. Im Frühjahr und Sommer monatlich düngen.

SONSTIGE PFLEGE

Braucht zwar guten Wasserabzug, mag es im Topf aber beengt, weshalb man bis zum nächsten Umtopfen locker 3 Jahre warten kann.

ALARM! (siehe S. 24–27)
Anfällig für **Wollläuse**; sie sitzen vor allem auf der Blattunterseite.

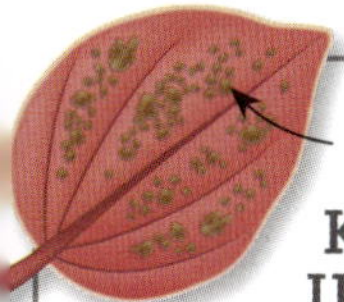

KORKIGE PUSTELN UNTER DEM LAUB

Eine Ödem genannte Störung, verursacht durch zu starkes Wässern im Winter

RETTUNG *Im Winter spärlich wässern. Weitere Informationen unter Krankheiten (siehe S. 28–29).*

LAUBFALL

Kann auf Wassermangel oder Kälte zurückzuführen sein.

RETTUNG *Mehr wässern. Steht die Pflanze kühler als 10 °C, stellt man sie an einen wärmeren Platz.*

PFLANZE WELKT TROTZ WÄSSERN

Möglicherweise wurde zu viel gewässert, sodass die Wurzeln faulen.

RETTUNG *Auf Wurzelfäule prüfen und geschädigte Teile abschneiden. Mehr unter Krankheiten (siehe S. 28–29).*

ÄHNLICH BEHANDELN

ZWERGPFEFFER
Peperomia rotundifolia
Hübsche Hängepflanze mit kleinen, fleischigen, knopfartigen Blättern. Braucht mäßig bis viel Luftfeuchtigkeit.

ZWERGPFEFFER
Peperomia polybotrya
Diese Art beeindruckt durch einnehmend herzförmige Blätter. Sie braucht mehr Luftfeuchtigkeit als die Silberblatt-Peperomie.

SCHMETTERLINGS-ORCHIDEE

Phalaenopsis

Ihre Blüten bleiben wochenlang geöffnet.

OPTIMALE PFLEGE

STANDORT
Ein Raum mit einer Temperatur von etwa 18–26 °C

LICHT
Viel indirektes Licht. Ideal ist ein Ostfenster.

WÄSSERN UND DÜNGEN
Durch Eintauchen des Ballens gießen (siehe S. 18–19) – im Frühjahr und Sommer wöchentlich, im Winter alle 2 Wochen. Am besten weiches Wasser verwenden. Im Frühjahr und Sommer monatlich, im Herbst und Winter alle 2 Monate mit Orchideendünger düngen.

SONSTIGE PFLEGE
In Orchideenerde und einem durchsichtigen Pflanzgefäß kultivieren, damit die Wurzeln Licht bekommen. Wurzeln, die aus dem Topf herausragen, nicht abschneiden, da sie sonst faulen. Nach dem Verblühen die Blütenstängel über einem Knoten zurückschneiden, dann sollte sich nach einigen Monaten ein neuer Blütenstand bilden.

KNOSPEN FALLEN AB

Ursache: zu viel oder zu wenig Wasser, zu trockene Luft oder Temperaturschwankungen

RETTUNG *Pflanze normal wässern (siehe links) und auf einen kies- und wassergefüllten Untersetzer stellen. Immer am selben Platz lassen.*

ALARM!
(siehe S. 24–27)

Auf dem Laub können sich **Schildläuse** und **Wollläuse** festsetzen.

BLÜHT NICHT

Es dauert manchmal mehrere Monate, bis eine *Phalaenopsis* erneut blüht. Zu wenig Blühfreude kann außerdem auf Lichtmangel, zu viel oder zu wenig Dünger oder starke Temperaturschwankungen zurückzuführen sein. Mitunter muss auch umgetopft werden.

RETTUNG *Pflanze heller stellen, im Frühjahr und Sommer monatlich und im Herbst und Winter alle 2 Monate düngen. Ggf. umtopfen. Niedrigere Nachttemperaturen (13–18 °C) können die Orchidee zur Neublüte anregen, daher kühl stellen.*

WECHSELNDE BLATTFARBE

Die Blätter sollten grasgrün sein. Dass älteres Laub gelb wird, ist normal, bei jüngeren Blättern kann es aber auf zu viel direkte Sonne oder zu wenig Nährstoffe hindeuten. Dunkle Blätter dagegen sind ein Anzeichen für Lichtmangel.

RETTUNG *Für angemessene Lichtverhältnisse sorgen. Im Frühjahr und Sommer monatlich düngen.*

SCHRUMPELIGE BLÄTTER

Vermutlich bekommt das Laub nicht genug Wasser, entweder weil zu wenig gegossen wird oder die Wurzeln geschädigt sind. Hängende Blätter deuten häufig auf zu trockene Luft hin.

RETTUNG *Gesunde Wurzeln sind silbrig oder grün. Färben sie sich braun und werden weich, wurde vermutlich zu stark gewässert. Hohle, spröde Wurzeln dagegen sind ein Zeichen für Wassermangel. Sind Wurzeln in Mitleidenschaft gezogen, schneidet man die am schwersten geschädigten ab und topft in frisches Substrat um. Sorge für höhere Luftfeuchtigkeit, indem du den Topf auf eine kies- und wassergefüllte Schale stellst.*

GOLDTÜPFELFARN

Phlebodium aureum

Er gehört zu den pflegeleichteren Farnen und zeichnet sich durch ungewöhnlich gewellte, blaugrüne Fiedern aus.

OPTIMALE PFLEGE

STANDORT
Von Zugluft und Wärmequellen fernhalten und in ein Zimmer mit 10–21 °C stellen. Hohe Luftfeuchtigkeit ist ideal.

LICHT
Der Farn bevorzugt Halb- oder Vollschatten. Er verträgt keine direkte Sonne.

WÄSSERN UND DÜNGEN
Feuchtes, durchlässiges Substrat. Während des Wachstums monatlich düngen.

SONSTIGE PFLEGE
Alte Wedel am Ansatz abschneiden. Sobald die Wurzeln den Topf komplett füllen, siedelt man die Pflanze in ein größeres Pflanzgefäß um.

ALARM!
(siehe S. 24–27)
Auf dem Laub können **Schild-** und **Wollläuse** sitzen.

BLÄTTER WERDEN GELB

Kann auf Wurzelfäule hindeuten.

RETTUNG *Wurzeln auf Fäulnis prüfen. Alle braunen oder weichen Wurzeln und die Erde um sie herum entfernen. Für ausreichend Drainage sorgen. Substrat sollte feucht, aber nicht nass sein.*

BRAUNE BLATTSPITZEN

Zu warme oder trockene Luft. Ggf. mehr wässern.

RETTUNG *Pflanze aus dem Zug oder der prallen Sonne nehmen. Nicht neben Heizkörper stellen. Nach Möglichkeit in ein Zimmer mit höherer Luftfeuchtigkeit bringen, etwa Bad oder Küche. Evtl. mehr wässern.*

BLÄTTER FALLEN AB

Zu wenig oder zu viel Wasser kann die Ursache für Laubfall sein.

RETTUNG *Das Substrat darf weder zu nass noch zu trocken sein. Ideal ist feuchte, durchlässige Erde.*

ÄHNLICH BEHANDELN

KRETISCHER SAUMFARN
Pteris cretica

Dieser Farn trägt ungewöhnliche, fast palmenartige Wedel. Er nimmt es einem weniger übel als andere Farne, wenn das Substrat einmal komplett austrocknet.

DREIECKIGER FRAUENHAARFARN
Adiantum raddianum

Dieser filigrane, überhängende Farn ist eine rechte Diva. Er braucht 15–21 °C und wird erst gewässert, wenn die obersten 1 cm des Substrats trocken sind.

DIE FÜNF BESTEN FÜR DUNKLE ECKEN

Alle Pflanzen brauchen Licht, um zu wachsen – manche viel, andere weniger. Zu Letzteren gehören vor allem Arten mit großen Blättern. Hier fünf solcher Schattenwesen.

Nestfarn

Asplenium nidus

Der pflegeleichte Farn bildet eine Rosette aus üppigem Laub. Er ist mit einer geringen Lichtdosis zufrieden, doch sollte man die Blätter gelegentlich abwischen, damit sie glänzend bleiben und so viel Helligkeit wie möglich abbekommen.

Siehe Nestfarn auf S. 93

Einblatt

Spathiphyllum

Einblätter sind anspruchslose Pflanzen mit glänzendem grünem Laub und auffälligen weißen Blüten. Wenig Licht macht ihnen nichts aus, und auch das Wässern darf man gelegentlich vergessen.

Siehe Einblatt auf S. 124–125

Zimmeraralie

Fatsia japonica

Die auffällige Zimmerschönheit mit ihren großen, üppigen, glänzenden Blättern gedeiht selbst bei schwachem Licht und verträgt im Winter sogar Temperaturen bis fast zum Gefrierpunkt.

Siehe Zimmeraralie auf S. 81

Kletter-Philodendron

Philodendron scandens

Glänzende, herzförmige Blätter zeichnen diesen Philodendron aus. Als Kletterpflanze braucht er eine Stütze, etwa einen Moosstab.

Siehe Kletter-Philodendron auf S. 109

Schusterpalme

Aspidistra

Ihren Namen hat sie bekommen, weil sie früher oft in düsteren Schusterwerkstätten stand – und dort sogar gedieh. Wische die Blätter gelegentlich ab, damit sie so viel Licht wie möglich sammeln können. Seltenes Wässern verzeiht sie, doch auf nasses Substrat reagiert sie ausgesprochen empfindlich.

Siehe Schusterpalme auf S. 125

PHILODENDRON IMPERIAL RED

Philodendron 'Imperial Red'

Die großen, wächsernen Blätter dieses Philodendrons sind nach dem Austrieb rot, werden mit der Zeit aber violett und schließlich dunkelgrün.

OPTIMALE PFLEGE

STANDORT

Die Pflanze bevorzugt moderate Temperaturen zwischen 15 und 24 °C.

LICHT

Sie sollte hell, aber nicht in der vollen Sonne stehen.

WÄSSERN UND DÜNGEN

Gewässert wird, sobald die obersten 2–3 cm des Substrats trocken sind. Im Winter zurückhaltend gießen. Im Frühjahr und Sommer monatlich düngen.

SONSTIGE PFLEGE

Die glänzenden Blätter setzen leicht Staub an. Wische sie gelegentlich mit einem feuchten Tuch ab. Umgetopft wird im Frühjahr.

ALARM! (siehe S. 24–27) Anfällig für **Schildläuse** und **Rote Spinnmilben**

BLÄTTER WELKEN ODER WERDEN GELB

Du wässerst vermutlich zu viel.

RETTUNG *Die Pflanze mag keine zu nassen Füße. Daher die oberste Substratschicht zwischen dem Gießen austrocknen lassen und für guten Wasserabzug sorgen.*

BLÄTTER FALLEN AB

Im Zimmer kann es zu kalt oder zugig sein.

RETTUNG *Stelle die Pflanze an einen Platz, an dem es etwas wärmer und weniger zugig ist.*

BLATTRÄNDER WERDEN BRAUN

Pflanze verliert wegen trockener oder warmer Luft zu viel Wasser, wird nicht genug gewässert oder bekommt zu viel Sonne ab.

RETTUNG *Pflanze nicht neben Wärmequellen, Fenster oder Türen stellen. Substrat nicht austrocknen lassen.*

DIE BLÄTTER VERLIEREN IHRE FARBE

Die Pflanze steht zu hell oder sogar in der prallen Sonne.

RETTUNG *Prüfe, ob es im Zimmer zu hell ist, und stelle die Pflanze bei Bedarf an einen dunkleren Platz.*

ÄHNLICH BEHANDELN

KLETTER-PHILODENDRON
Philodendron scandens
Er trägt glänzende Blätter, wird meist an einer Moossäule kletternd angeboten und kommt mit Schatten zurecht. Gepflegt wird er wie der Philodendron 'Imperial Red'.

ROTBLÄTTRIGER PHILODENDRON
Philodendron erubescens
Die langsam wachsende Art wird ähnlich behandelt wie die anderen Philodendren.

UFOPFLANZE

Pilea peperomioides

Die Ufopflanze, auch Chinesischer Geldbaum genannt, ist mit ihren hübschen, schildartigen Blättern zur beliebten Zimmerpflanze avanciert.

OPTIMALE PFLEGE

STANDORT

In einen Raum mit 18–24 °C stellen. Darf im Winter nicht kühler als 12 °C stehen.

LICHT

Braucht viel Licht oder Halbschatten, volle Sonne aber führt zu Blattschäden. Im Halbschatten werden die Blätter größer als an sehr hellen Standorten.

WÄSSERN UND DÜNGEN

Substrat durchfeuchten, aber bis zum nächsten Gießen leicht austrocknen lassen. Im Frühjahr und Sommer alle 2 Wochen düngen.

SONSTIGE PFLEGE

Die Pflanze braucht gute Drainage und verträgt keine Nässe um die Wurzeln. Das Laub wird gelegentlich mit einem feuchten Tuch abgewischt, damit es staubfrei und glänzend bleibt. Der Ufopflanze tut es gut, wenn man sie hin und wieder besprüht.

BLÄTTER WACHSEN NUR IN EINE RICHTUNG

Das Laub dreht sich zum Licht.

RETTUNG *Pflanze öfter drehen, damit eine gleichmäßige Kuppelform entsteht.*

GELBE ODER ABFALLENDE BLÄTTER

Wenn die Blätter am Ansatz der Pflanze gelb werden, ist das kein Grund zur Sorge – es handelt sich um altes Laub. Färben sich hingegen alle Blätter gelb, wurde zu stark oder zu wenig gewässert.

RETTUNG *Gieße und pflege die Pflanze wie links beschrieben.*

ALARM!
(siehe S. 24–27)

Anfällig für **Schildläuse**; sie sitzen auf dem Laub.

BLÄTTER ROLLEN EIN

Vermutlich behagen der Pflanze die Bedingungen nicht.

RETTUNG *Prüfe, ob Standort und Licht für die Pflanze gut sind, und ändere die Pflege (siehe links).*

ÄHNLICH BEHANDELN

EINGEHÜLLTE KANONIERBLUME
***Pilea involucrata* 'Moon Valley'**
Die dekorative Pflanze braucht eine höhere Luftfeuchtigkeit als die Ufopflanze. Gut aufgehoben ist sie in einem Terrarium.

VIETNAMESISCHE KANONIERBLUME
Pilea cadierei
Die Pflanze kann genauso behandelt werden wie die Eingehüllte Kanonierblume. Sie bevorzugt ebenfalls hohe Luftfeuchtigkeit.

GEWEIHFARN

Platycerium bifurcatum

In freier Natur wachsen Geweihfarne auf anderen Pflanzen. Zu Hause kann man sie mit oder ohne Erde – etwa auf Rinden und ähnlichen Unterlagen – kultivieren.

OPTIMALE PFLEGE

STANDORT
Für hohe Luftfeuchtigkeit und eine Temperatur zwischen 10 und 24 °C sorgen. Ideal ist z. B. ein Badezimmer.

LICHT
Sehr hell stellen, aber ohne direkte Sonne, da sie die Blätter versengt.

WÄSSERN UND DÜNGEN
Geweihfarne nehmen Wasser über Wurzeln und Wedel auf. Substrat stets leicht feucht halten. Exemplare, die auf einer Unterlage sitzen, 20 Minuten in lauwarmes Wasser tauchen oder unter laufendes, lauwarmes Wasser halten. Vor dem Wiederaufstellen abtropfen lassen. In warmen Räumen wöchentlich, ansonsten alle 2–3 Wochen wässern. Im Frühjahr und Sommer monatlich düngen.

SONSTIGE PFLEGE
Regelmäßig mit lauwarmem Wasser besprühen, vor allem in warmen Räumen.

ALARM!
(siehe S. 24–27)

Auf der Blattunterseite setzen sich gern **Schildläuse** fest.

BRAUNE ODER WELKENDE WEDELSPITZEN

Die Pflanze bekommt nicht genug Wasser.

RETTUNG *Öfter wässern und Luftfeuchtigkeit durch häufiges Besprühen der Wedel erhöhen.*

PFLANZE WELKT TROTZ HÄUFIGEM WÄSSERN

Mögliche Ursache: Wurzelfäule

RETTUNG

Pflanze auf Wurzelfäule prüfen und schwarze, faulige Wurzeln entfernen (siehe S. 28–29).

ÄHNLICH BEHANDELN

GROSSER GEWEIHFARN

Platycerium grande

Diese Art mit hellgrünen, geweihartigen Wedeln wird größer als Platycerium bifurcatum.

WEDEL WERDEN AM ANSATZ BRAUN ODER SCHWARZ

Die Pflanze wurde zu stark gewässert.

RETTUNG

Gieße einige Wochen nicht und wässere anschließend normal weiter.

BRAUNE SCHILDBLÄTTER

Geweihfarne tragen am Ansatz schildförmige Blätter. Sie unterstützen die Wasseraufnahme und schützen die Wurzeln. Mit der Zeit werden sie braun – ein normaler Vorgang.

RETTUNG *Es ist nicht nötig, etwas zu unternehmen, wenn die Schildblätter braun werden. Sie dürfen nicht abgeschnitten werden.*

USAMBARAVEILCHEN

Saintpaulia

Die beliebten Pflänzchen mit ihren pelzig behaarten Blättern sind in unterschiedlichsten Blütenfarben erhältlich. Weil sie klein sind, eignen sie sich gut für beengte Verhältnisse.

OPTIMALE PFLEGE

STANDORT
Warm stellen (16–23 °C); braucht feuchte Luft. Ideal: Fenster in Bad oder Küche

LICHT
Die Pflanze liebt viel indirektes Licht, aber keine direkte Sonne, da die Blätter sonst versengt werden.

WÄSSERN UND DÜNGEN
Erst wässern, wenn die obersten 2–3 cm Substrat ausgetrocknet sind. Pflanze sollte von unten gewässert werden, indem man sie 30 Minuten in Wasser stellt (siehe S. 18), damit das Laub nicht nass wird. Im Frühjahr und Sommer monatlich düngen.

SONSTIGE PFLEGE
Topf auf eine mit Wasser und Kieseln oder Kies gefüllte Schale stellen, um die Luftfeuchtigkeit zu erhöhen. Verblühtes abschneiden. Usambaraveilchen fühlen sich in kleinen Gefäßen am wohlsten, sollten also nicht zu oft umgetopft werden.

GELBE BLÄTTER

Schuld kann zu trockene Luft, zu viel Sonne oder falsches Wässern und Düngen sein.

RETTUNG
Pflanze nicht in die pralle Sonne stellen. Luftfeuchtigkeit erhöhen. Angemessen wässern und düngen.

KEINE BLÜTEN

Usambaraveilchen blühen oft im Winter nicht, weil sie in dieser Zeit zu wenig Licht haben. Vom Frühjahr bis zum Herbst deuten fehlende Blüten auf falsche Behandlung hin.

RETTUNG *Pflanze im Winter in ein helles Süd- oder Westfenster stellen. Vom Frühjahr bis zum Herbst prüfen, ob korrekt gedüngt wurde und der Standort warm genug ist.*

ALARM!
(siehe S. 24–27)

Achte auf **Wollläuse** an der Blattunterseite.

BRAUNE BLATTFLECKEN

Sie bilden sich, wenn mit kaltem Wasser gegossen wurde oder die Blätter nass geworden sind.

RETTUNG *Wässere immer von unten, damit das Laub trocken bleibt. Stelle die Pflanze dazu etwa 30 Minuten in einen mit Wasser gefüllten Untersetzer. Das Wasser sollte Zimmertemperatur haben.*

PFLANZE WELKT

Es wurde zu viel oder zu wenig gewässert.

RETTUNG *Von unten wässern, sobald die oberen 2–3 cm des Substrats trocken sind. Auf Wurzel- oder Wurzelhalsfäule untersuchen (siehe S. 28–29).*

GRAUER FLAUM AUF DEN BLÄTTERN

Ursache: vermutlich Grauschimmel (Botrytis)

RETTUNG *Befallene Blätter abschneiden. Pflanze mit Schachtelhalmbrühe behandeln (siehe S. 28–29).*

SCHWIEGERMUTTERZUNGE

Sansevieria trifasciata

Die auffällige Pflanze mit schwertartigen Blättern ist praktisch unkaputtbar. Killen kann man sie nur mit zu viel Wasser und Kälte.

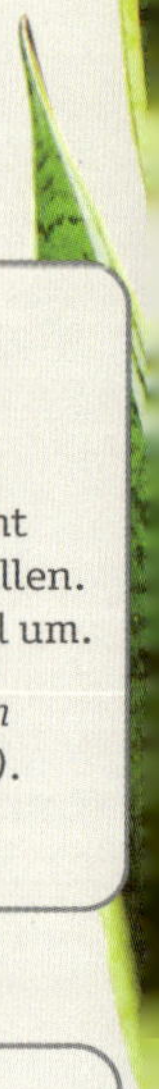

OPTIMALE PFLEGE

STANDORT

Die Pflanze stellt wenig Ansprüche an ihren Standort. Sie gedeiht bei 10–26 °C und verträgt sowohl Zug als auch trockene Luft.

LICHT

Viel indirektes Licht, verträgt aber auch etwas direkte Sonne. Kommt mit wenig Licht zurecht, doch können die panaschierten Blätter dann rein grün werden.

WÄSSERN UND DÜNGEN

Im Frühjahr und Sommer mäßig, im Herbst und Winter sogar noch weniger gießen. Im Frühjahr und Sommer monatlich düngen.

SONSTIGE PFLEGE

In einen schweren Topf pflanzen, um ein Umfallen zu vermeiden. Die Blattspitzen nicht verletzen, sonst wächst die Pflanze nicht mehr. Blätter gelegentlich abwischen, damit sie glänzend bleiben. Nur umpflanzen, wenn die Wurzeln den Topf komplett ausfüllen.

BLÄTTER WACHSEN SEITWÄRTS

Pflanze wurde zu stark oder zu wenig gewässert, bekommt nicht genug Licht oder hat einen verdichteten Wurzelballen. Hohe, ältere Blätter kippen manchmal um.

RETTUNG *Angemessener pflegen und für gutes Licht sorgen (siehe links). Ggf. umtopfen.*

GELBE BLÄTTER

Meist durch zu starkes Wässern verursacht, vor allem im Winter. Pflanzenbasis und Wurzeln auf Fäule überprüfen.

RETTUNG *Substrat völlig austrocknen lassen. Pflanze an einen wärmeren Platz stellen, falls es ihr zu kalt ist. Auf Wurzelfäule prüfen und geschädigte Wurzeln entfernen (siehe S. 28–29).*

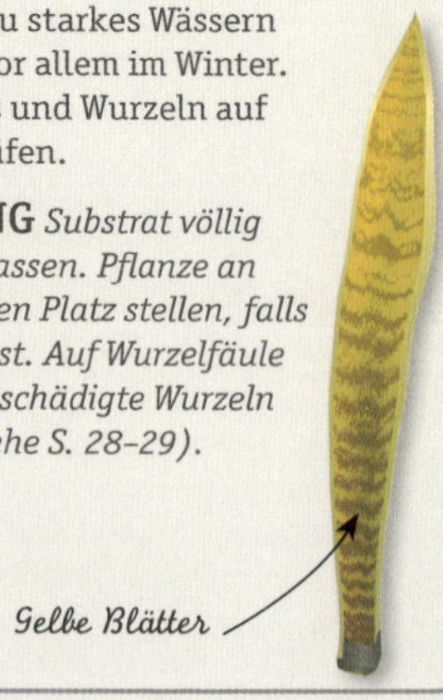

RUNZLIGE BLÄTTER

Es wurde vermutlich zu wenig gegossen.

RETTUNG *Pflanze einige Tage etwas mehr als sonst wässern, dann sollten die Blätter wieder fest werden.*

Blatt mit Runzeln

ALARM!
(siehe S. 24–27)

Auf dem Laub können **Wollläuse** sitzen.

ÄHNLICH BEHANDELN

BOGENHANF
Sansevieria cylindrica
Die zylindrischen Blätter dieser Pflanze werden manchmal zu einem Zopf geflochten.

SÄULEN-EUPHORBIE
Euphorbia trigona
Eine auffällige Sukkulente mit spitzen Dornen. Auch als Dreikantige Wolfsmilch oder Westernkaktus im Handel

RUNDBLÄTTRIGE LIVINGSTONPALME

Saribus rotundifolius

Die Exotin mit fächerförmigen Blättern wird bis 2 m hoch.

OPTIMALE PFLEGE

STANDORT

Am wohlsten fühlt diese Palme sich in einem Zimmer mit 13–24 °C. Gib ihr genug Platz, damit sie wachsen und ihre Blätter ausbreiten kann.

LICHT

Sie braucht es hell, darf aber nicht in der prallen Sonne stehen.

WÄSSERN UND DÜNGEN

Vom Frühjahr bis zum Herbst erst wässern, wenn die obersten 3 cm Substrat ganz trocken sind. Im Winter jedes Mal fast die Hälfte des Ballens austrocknen lassen. Von Frühjahr bis Herbst monatlich düngen.

SONSTIGE PFLEGE

Pflanze nicht neben Heizkörper stellen. Blätter gelegentlich mit einem feuchten Tuch entstauben.

ALARM! (siehe S. 24–27)

Anfällig für **Rote Spinnmilben** und **Wollläuse** unter den Blättern und am Ansatz.

BRAUNE FLECKEN AUF DEM LAUB

Deutet auf Blattfleckenkrankheit hin.

RETTUNG *Befallene Blätter wegschneiden und mit Bio-Fungizid behandeln.*

BLÄTTER WERDEN GELB

Blasse oder gelbe Blätter sind oft ein Zeichen für Wassermangel.

RETTUNG *Im Sommer nie mehr als die obersten 3 cm des Ballens austrocknen lassen, vor allem, wenn sie in einem hellen Raum steht.*

BRAUNE BLATTSTIELE

Die Pflanze fault, entweder weil sie zu stark gewässert wird, der Wasserabzug zu schlecht ist oder sie zu wenig Licht bekommt.

RETTUNG *Für gute Drainage sorgen. Wenn Wurzeln faulen, die kranken Teile und die Erde um sie herum entfernen und Pflanze umtopfen. Nicht überwässern. Pflanzen, die dunkel stehen, brauchen weniger Wasser.*

ÄHNLICH BEHANDELN

FISCHSCHWANZPALME
Caryota mitis
Die Art mit eigenartig fischschwanzartigen Blättern stellt die gleichen Ansprüche wie die Livingstonpalme, doch tut ihr mehr Luftfeuchtigkeit gut.

ZWERG-DATTELPALME
Phoenix roebelenii
Die kleine Palme eignet sich für die Zimmerkultur, kann aber auch dort bis 1,8 m hoch werden. Sie bevorzugt eine Raumtemperatur von etwa 18 °C.

STRAHLENARALIE

Schefflera arboricola

Die unkomplizierte Blattschmuckpflanze verbreitet eine exotische Atmosphäre. Wenn man sie nicht mehr höher wachsen lassen will, kappt man einfach ihren Leittrieb.

OPTIMALE PFLEGE

STANDORT

Gedeiht bei Temperaturen zwischen 13 und 24 °C. Mindesttemperatur auch im Winter: 13 °C

LICHT

Hell, aber ohne direkte Sonne

WÄSSERN UND DÜNGEN

Vom Frühjahr bis zum Herbst wässern, wenn die obersten 2–3 cm der Topferde trocken werden. Kann ruhig auch einmal zu wenig gewässert werden, verübelt aber zu starkes Gießen, denn dann faulen die Wurzeln (siehe *Krankheiten* auf S. 28–29). Im Winter weniger wässern. Im Frühjahr und Sommer monatlich düngen.

SONSTIGE PFLEGE

Bei warmer Witterung oder in warmen Räumen evtl. die Blätter besprühen. Laub von Zeit zu Zeit mit einem sauberen, feuchten Tuch abwischen, damit es staubfrei bleibt.

KLEBRIGE BLÄTTER

Erste Anzeichen von Schildläusen sind klebrige Blätter, auf denen sich später ein schwarzer Schimmelbelag bildet. An der Unterseite erkennt man winzige braune Erhebungen.

RETTUNG *Insekten wegreiben, Blätter sauberwischen und Schimmel entfernen. Paraffinöl-Präparate oder Schmierseifen-Spiritus-Brühe einsetzen (siehe S. 24–27).*

LAUBFALL

Kann auf Temperaturschwankungen oder einen zu dunklen Standort zurückzuführen sein. Manchmal führt auch zu starkes oder zu seltenes Gießen zum Abfallen der Blätter.

RETTUNG *Sorge für eine ausreichend hohe Temperatur (13–24 °C) und viel indirektes Licht. Zugluft meiden. Angemessen wässern (siehe links).*

PFLANZE KIPPT

Sie wächst zum Licht hin.

RETTUNG *Pflanze regelmäßig drehen oder an eine Stütze, etwa einen Bambus- oder Moosstab, binden.*

ÄHNLICH BEHANDELN

GLANZKÖLBCHEN
Aphelandra squarrosa
Das Glanzkölbchen wird oft während der Blüte verkauft. Es braucht im Winter mindestens 15 °C. Zu viel Wasser lässt die unteren Blätter abfallen.

ALARM!
(siehe S. 24–27)

Das Laub kann von **Schildläusen** und **Roten Spinnmilben** befallen werden.

HÄNGENDES LAUB

Ursache: falsches Wässern

RETTUNG *Prüfe die Topferde. Ist sie nass, lässt man sie austrocknen und prüft den Ballen auf Wurzelfäule (siehe Seite 28–29). Erst wässern, wenn die oberen 2–3 cm Substrat ausgetrocknet sind.*

WEIHNACHTSKAKTUS

Schlumbergera × buckleyi

Weihnachtskakteen sind Waldkakteen, stammen also nicht wie viele andere Vertreter ihrer Familie aus der Wüste. Sie tragen im Winter Blüten.

OPTIMALE PFLEGE

STANDORT

Für 18–24 °C Grad Zimmertemperatur sorgen. Braucht zum Blühen zweimal jährlich kühlere Temperaturen.

LICHT

Hell, ohne direkte Sonne

WÄSSERN UND DÜNGEN

Erst wässern, wenn die obersten 2–3 cm der Topferde trocken sind. Überschüssiges Wasser ablaufen lassen – verträgt keine Staunässe. Im Winter weniger gießen. Im Frühjahr und Sommer monatlich düngen.

SONSTIGE PFLEGE

Auf einen kies- und wassergefüllten Untersetzer stellen, um die Luftfeuchtigkeit zu erhöhen. Zudem Laub zweimal wöchentlich besprühen, außer während der Blüte. Alle 1–2 Jahre in einen größeren Topf umsetzen. Kies in das Substrat einarbeiten.

ALARM!
(siehe S. 24–27)
In den Ritzen können sich **Wollläuse** festsetzen.

KEINE BLÜTEN

Die Pflanze braucht eine Ruheperiode, um wieder zu blühen.

RETTUNG *Kaktus nach der Blüte etwa 8 Wochen lang in einen kühlen, unbeheizten Raum mit etwa 12 °C stellen und weniger wässern. Im Sommer draußen in den Schatten stellen und normal gießen. Im Herbst ein zweites Mal 8 Wochen lang kühl stellen (idealerweise in einen Raum, in dem abends kein künstliches Licht brennt). Dann an den Hauptstandort zurückbringen und wieder normal pflegen.*

ROTE BLÄTTER

Die Pflanze bekommt zu viel Sonne ab.

RETTUNG *Aus der prallen Sonne holen.*

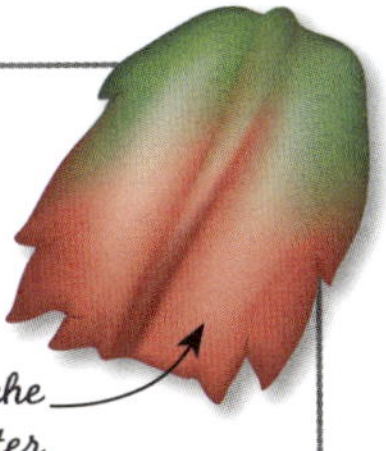

KNOSPEN FALLEN AB

Kommt vor, wenn die Pflanze während der Blüte umgestellt wird. Kann auch durch falsches Wässern und Temperaturschwankungen verursacht werden.

RETTUNG *Pflanze im frühen Knospenstadium an normalen Standort zurückstellen. Wie links angegeben wässern.*

ÄHNLICH BEHANDELN

OSTERKAKTUS
Schlumbergera gaertneri
Diese Art blüht im Frühjahr. Sie bevorzugt wie der Weihnachtskaktus einen Sommeraufenthalt im Freien und eine anschließende Ruheperiode, um zu blühen.

BINSENKAKTUS
Rhipsalis baccifera
Der Kaktus eignet sich hervorragend für Blumenampeln. Reife Exemplare können sogar Früchte tragen.

EINBLATT

Spathiphyllum

Das Einblatt mit seinen glänzenden, grünen Blättern und den gelegentlich erscheinenden Blüten ist eine unkomplizierte Einsteigerpflanze.

OPTIMALE PFLEGE

STANDORT

Ein warmer Raum mit einer Temperatur zwischen 13 und 26 °C. Vor Zugluft schützen.

LICHT

Hell, aber ohne direkte Sonne

WÄSSERN UND DÜNGEN

Wässern, wenn die obersten 2–3 cm des Substrats trocken sind. Vom Frühjahr bis zum Spätsommer monatlich düngen. In einer Gegend mit hartem Wasser weiches Wasser, z. B. Regenwasser, zum Gießen verwenden.

SONSTIGE PFLEGE

Pflanze auf eine mit Kieseln und Wasser gefüllte Schale stellen. Ggf. die Blätter ein-, zweimal die Woche besprühen, vor allem in warmen Räumen. Welke Blüten und gelbe Blätter abzwicken. Einblatt jährlich im Frühjahr umtopfen.

ALARM! (siehe S. 24–27)	Auf der Unterseite der Blätter können sich **Wollläuse** festsetzen.

PFLANZE LÄSST ALLES HÄNGEN

Sie braucht Wasser.

RETTUNG *Halbe Stunde in einen Eimer Wasser tauchen und abtropfen lassen. Danach sollte sie sich rasch erholen (siehe S. 18–19).*

GELBE BLÄTTER

Altes Laub wird von Natur aus gelb. Gelbfärbung bei jungen Blättern deutet auf Stress hin.

RETTUNG

Prüfen, ob die Pflanze den geeigneten Standort hat und angemessen gewässert wird (siehe links). Umtopfen, falls der Ballen stark durchwurzelt ist. Mit destilliertem, filtriertem Wasser oder Regenwasser gießen.

BRAUNE BLATTFLECKEN

Blätter sind versengt.

RETTUNG *Pflanze aus der prallen Sonne nehmen und an einen schattigeren Platz stellen.*

BRAUNE BLATTSPITZEN

Als Ursache kommen mangelnde Luftfeuchtigkeit, unregelmäßiges Wässern und Düngen oder zu hartes Wasser in Betracht.

RETTUNG *Luftfeuchtigkeit erhöhen. Angemessen düngen und wässern (siehe links). Auf weiches Wasser umsteigen.*

ÄHNLICH BEHANDELN

KOLBENFADEN
Aglaonema
Dem Kolbenfaden machen ein schattiger Standort und Temperaturschwankungen nichts aus. Er eignet sich daher gut für Durchgänge.

SCHUSTERPALME
Aspidistra
Laub gelegentlich abwischen und Pflanze nur im Notfall umtopfen. Sie verträgt kein nasses Substrat.

DIE FÜNF BESTEN FÜR DAS WOHNZIMMER

Verbanne Zimmerpflanzen nicht in eine staubige Ecke deines Wohnzimmers. Sie gehören ins Rampenlicht und in Gefäße, die ihre Schönheit unterstreichen. Hier fünf Vorzeigestücke.

Schwiegermutterzunge

Sansevieria trifasciata

Der pflegeleichte Dauerbrenner unter den Zimmerpflanzen gefällt durch seinen kräftigen, architektonischen Wuchs. Er macht sich überall gut und ist ein vorzüglicher Luftreiniger.

Siehe Schwiegermutterzunge auf S. 116–117

Geigen-Feige

Ficus lyrata

Die beliebte Geigen-Feige ist mit ihren üppigen, spatelförmigen Blättern der Liebling der Innenarchitekten. Sobald man den idealen Platz für sie gefunden hat, sollte man sie nicht mehr umsetzen, sonst reagiert sie beleidigt und wirft ihr Laub ab.

Siehe Geigen-Feige auf S. 76–77

Glücksfeder

Zamioculcas zamiifolia

Die auffallende Pflanze mit üppigem Laub setzt überall einen unübersehbaren Akzent. Sie braucht nicht viel Platz und ist pflegeleicht.

Siehe Glücksfeder auf S. 138–139

Kentiapalme

Howea forsteriana

Eine unkomplizierte Palme, die Eleganz ins Wohnzimmer bringt. Wenn sie viel Licht (keine direkte Sonne) bekommt, wächst sie grün und üppig. Die Blätter sollten ab und an abgewischt und besprüht werden.

Siehe Kentiapalme auf S. 84–85

Großes Fensterblatt

Monstera deliciosa

Das Fensterblatt war in den 1970er-Jahren groß in Mode, ist aber auch jetzt wieder im Kommen. Es prägt einen Raum. Man weist ihm einen hellen bis halbschattigen Standort und reichlich Platz zu, denn es kann ziemlich groß werden.

Siehe Großes Fensterblatt auf S. 96–97

PARADIESVOGELBLUME

Strelitzia reginae

Woher die exotische Schönheit ihren Namen hat, erkennt man sofort: Die Blüten sehen aus wie der Kopf eines Vogels.

OPTIMALE PFLEGE

STANDORT

Braucht viel Wärme (mindestens 20 °C) und hohe Luftfeuchtigkeit. Ideal ist ein helles Badezimmer oder ein Wintergarten. Bevorzugt ferner gute Durchlüftung und kann daher im Sommer draußen stehen. Mindesttemperatur im Winter: 10 °C

LICHT

So viel Licht wie möglich, aber keine pralle Sommersonne

WÄSSERN UND DÜNGEN

Reichlich wässern, wenn sich die Erde trocken anfühlt, aber Staunässe vermeiden. Im Winter moderat gießen. Im Frühjahr und Sommer monatlich düngen.

SONSTIGE PFLEGE

Sie wird erst umgetopft, wenn sich Wurzeln auf der Substratoberfläche zeigen oder aus dem Abzugsloch wachsen. Wische mit einem sauberen, feuchten Tuch Staub von den Blättern.

BLÜHT NICHT

Die Pflanze blüht erst, wenn sie älter ist (frühestens ab 4 Jahren) und viel Licht und Nährstoffe bekommt. In kleinen Töpfen fühlt sie sich am wohlsten.

RETTUNG *Viel Licht und Nährstoffe bieten. Topf nicht zu groß wählen.*

BRAUNE BLATTTEILE

Ursache: zu geringe Luftfeuchtigkeit, zu wenig Wasser oder zu viel Dünger

RETTUNG *Luftfeuchtigkeit erhöhen. Gut wässern und düngen (siehe links).*

BLATTSCHLITZE

Sie sind völlig normal. In freier Natur lässt die Pflanze damit mehr Luft zwischen den Blättern zirkulieren.

ALARM! (siehe S. 24–27)

Schildläuse, **Wollläuse** und **Rote Spinnmilben** können sich auf dem Laub festsetzen.

GELBE BLÄTTER

Es ist normal, dass die älteren Blätter irgendwann gelb werden und abfallen. Wenn jüngeres Laub welkt, wurde entweder zu viel oder zu wenig gegossen, doch kann der Pflanze auch der Standort nicht behagen.

RETTUNG
Gelbe Blätter vorsichtig abzupfen. Angemessen wässern. Für ausreichend Licht und Wärme (mindestens 20 °C) sorgen.

FAULT AM ANSATZ

Schuld daran ist Wurzel- oder Stängelfäule, verursacht durch zu nasses Substrat.

RETTUNG *In frisches Substrat umtopfen. Für gute Drainage sorgen. Nicht zu viel gießen (siehe S. 28–29).*

DREHFRUCHT

Streptocarpus

Die bezaubernde Zimmergenossin macht sich mit frischgrünen Blättern und hübschen Blüten in allerlei Farben beliebt.

ALARM!
(siehe S. 24–27)

Auf der Unterseite der Blätter können **Wollläuse** sitzen.

OPTIMALE PFLEGE

STANDORT
In ein helles Zimmer mit moderaten Temperaturen zwischen 13 und 21 °C stellen.

LICHT
Hell, aber ohne direkte Sonne, vor allem nicht im Sommer – ein Ost- oder Westfenster ist ideal.

WÄSSERN UND DÜNGEN
Wässern, sobald die obersten 4–5 cm Substrat trocken sind. Die Topferde sollte feucht, aber nicht nass sein; überschüssiges Wasser muss ablaufen können. Im Winter weniger wässern. Im Frühjahr und Sommer alle 2 Wochen düngen – ein Kali- bzw. Blühpflanzendünger fördert die Blüte.

SONSTIGE PFLEGE
Jedes Jahr im Frühjahr in einen geringfügig größeren, flachen Topf umsetzen. Verblühtes abschneiden, damit sich immer neue Blüten bilden. Im Herbst und Winter sterben die Blattenden ab. Das ist normal – einfach die braunen Enden abzwicken.

BRAUNE BLATTFLECKEN

Das Laub kann von der Sonne versengt worden sein.

RETTUNG *Pflanze nicht in die volle Sonne stellen. Beim Wässern dürfen die Blätter nicht nass werden.*

BLATTANSATZ FAULT

Dies kann auf zu intensives Wässern, ein ständig nasses Substrat oder mangelnde Drainage zurückzuführen sein.

RETTUNG *Betroffene Blätter abschneiden. Substrat austrocknen lassen. Prüfen, ob Wasser gut ablaufen kann. Zwischen dem Gießen Erde trocknen lassen.*

GRAUER BELAG AUF BLÄTTERN

Es handelt sich um Grauschimmel.

RETTUNG *Befallene Blätter entfernen und Pflanze mit Schachtelhalmbrühe behandeln (siehe S. 28–29).*

PFLANZE WELKT

Ursache: Es wurde zu viel oder zu wenig gegossen.

RETTUNG *Falls zu viel gewässert wurde, das Substrat trocknen lassen – es muss grundsätzlich zwischen den Wassergaben austrocknen. Wenn zu wenig gewässert wurde, mehr gießen.*

GROSSE BLÄTTER, ABER WENIGE BLÜTEN

Die Pflanze wurde nicht angemessen gedüngt oder bekommt zu wenig Licht.

RETTUNG *Pflanze im Frühjahr und Sommer alle 2 Wochen düngen; auf korrekte Dosierung achten. Steht sie zu dunkel, stellt man sie an einen helleren Platz ohne direkte Sonne.*

ÄHNLICH BEHANDELN

GLOXINIE

Sinningia speciosa

Gloxinien brauchen einen hellen Standort, vertragen aber keine Zugluft. Sie werden nach der Blüte oft weggeworfen, blühen eventuell aber noch ein weiteres Mal. Dazu wartet man, bis sie einziehen, entfernt dann alle gelben Triebe und Blätter und wässert weniger. Im Frühjahr topft man sie um und gießt wieder häufiger.

TILLANDSIEN

Tillandsia

In freier Natur wachsen diese Gewächse auf anderen Pflanzen. Man zieht sie zu Hause ohne Substrat, indem man sie in eine Glaskugel oder auf ein Stück Rinde bzw. Treibholz setzt.

OPTIMALE PFLEGE

STANDORT

Helle Küchen oder Bäder sind gute Lebensräume für Tillandsien, denn sie brauchen Luftfeuchtigkeit. Kälter als 10 °C sollte es nicht werden. Auch Zugluft mögen sie nicht, vor allem nicht, wenn sie feucht ist.

LICHT

Für viel Licht sorgen, aber sonnige Fensterbänke meiden, denn Sommersonne kann die Pflanzen versengen.

WÄSSERN UND DÜNGEN

Pflanze in Wasser tauchen und abtropfen lassen (siehe S. 18–19). Wurde zu wenig gewässert, 30 Minuten bis 2 Stunden untertauchen. Im Sommer oder in beheizten Räumen wöchentlich wässern. Weiches Wasser verwenden. Auch durch Besprühen mehrmals wöchentlich kann gewässert werden. Monatlich Flüssigdünger ins Wasser geben. Ganzjährig düngen.

SONSTIGE PFLEGE

Pflanze nach dem Wässern leicht schütteln und etwa 4 Stunden umgedreht trocknen lassen.

BLÜHT NICHT

Es kann Jahre dauern, bis eine Tillandsie blüht.

RETTUNG *Nichts tun! Manche Arten werden vor dem Blühen rot. Nach dem Blühen bilden sich am Ansatz Tochterpflanzen (Kindel), während die Mutterpflanze stirbt.*

WEICHE BRAUNE STELLEN ODER PFLANZE ZERFÄLLT

Die Pflanze ist gefault, weil sich Wasser zwischen den Blättern gesammelt hat.

RETTUNG *Pflanze ist nicht mehr zu retten. Tillandsien nach dem Wässern leicht schütteln und umgedreht abtropfen lassen.*

EINROLLENDES LAUB, TROCKENE SPITZEN

Trocken

Spitze

Ursache: zu wenig Wasser

RETTUNG *Regelmäßig wässern und besprühen.*

BLÄTTER FALLEN AB

Es ist normal, dass Tillandsien einige der äußeren Blätter verlieren. Fallen viele Blätter ab, behagen ihnen vermutlich die Wuchsbedingungen nicht.

RETTUNG *Äußere Blätter vorsichtig abzupfen. Prüfen, ob Licht, Luftfeuchtigkeit und Temperatur stimmen (siehe links).*

ZEBRAKRAUT

Tradescantia zebrina

Die unkomplizierten Pflanzen mit ihren gestreiften Blättern brauchen wenig Pflege. Am besten sehen sie in Blumenampeln aus.

OPTIMALE PFLEGE

STANDORT
Ein Raum mit einer Temperatur von 12–24 °C

LICHT
Ideal ist helles, indirektes Licht. Verträgt aber etwas volle Sonne.

WÄSSERN UND DÜNGEN
Reichlich wässern, sobald sich die obersten 2–3 cm des Substrats trocken anfühlen. Staunässe vermeiden. Im Frühjahr und Sommer monatlich düngen.

SONSTIGE PFLEGE
Alle Triebe mit rein grünen Blättern abschneiden – sie sind wüchsiger als die gestreiften, aber nicht so schön anzusehen.

ALARM!
(siehe S. 24–27)
Anfällig für **Blattläuse** und **Rote Spinnmilben** auf dem Laub

KEINE BLATTSTREIFEN

Die Pflanze bekommt nicht genug Licht.

RETTUNG *Die nicht gestreiften Blätter entfernen und Pflanze heller stellen.*

SCHLAFFE TRIEBE

Die Triebe wachsen von Natur aus hängend, aber wenn sie besonders schlaff wirken, hat die Pflanze vermutlich zu wenig Wasser oder ihre Wurzeln faulen.

RETTUNG *Lasse zwischen dem Gießen nur die oberen 2–3 cm Substrat austrocknen. Überprüfe den Ballen auf Wurzelfäule (siehe S. 28–29).*

ÄHNLICH BEHANDELN

BUNTNESSEL
Solenostemon

Buntnesseln begeistern mit leuchtenden Blattfarben. Sie sind unkompliziert und können durch Triebstecklinge vermehrt werden, wenn sie licht und langtriebig werden.

BRAUNE BLATTSPITZEN

Zu trockene Luft oder Wassermangel können die Ursache sein.

RETTUNG *Blätter alle 3–4 Tage besprühen. Ausreichend wässern.*

SCHWACHE LANGE TRIEBE ODER UNTERE BLÄTTER FALLEN AB

Als Ursache kommt Licht-, Wasser- oder Nährstoffmangel infrage. Manchmal aber ist die Pflanze einfach schon ein paar Jahre alt. Sie wird mit der Zeit licht und verliert die unteren Blätter.

RETTUNG *Für angemessene Pflege sorgen (siehe links). Ist die Pflanze bereits alt, Triebstecklinge nehmen und eintopfen, um frische Exemplare heranzuziehen.*

PALMLILIE

Yucca elephantipes

Mit seinen spitzen Blättern und dem palmenähnlichen Stamm bringt der Strauch Exotik in die Wohnung.

Ganze Pflanze

ALARM!
(siehe S. 24–27)

Das Laub ist anfällig für **Schildläuse** und **Wollläuse.**

OPTIMALE PFLEGE

STANDORT

Die Temperaturspanne liegt bei 7–24 °C – weniger dürfen es nicht werden. Ansonsten sind Palmlilien nicht anspruchsvoll. Sie vertragen Temperaturschwankungen und trockene Luft. Halte Kinder fern, denn die Blätter haben spitze Enden.

LICHT

Palmlilien brauchen viel Licht und können auch vollsonnig stehen, müssen aber langsam an die Sonne gewöhnt werden.

WÄSSERN UND DÜNGEN

Vom Frühjahr bis zum Herbst mäßig wässern – und immer erst dann, wenn die oberen 5 cm des Substrats trocken sind. Im Winter weniger gießen. Im Frühjahr und Sommer alle 2 Monate düngen.

SONSTIGE PFLEGE

Blätter gelegentlich mit einem sauberen, feuchten Tuch abwischen, damit sie glänzend und staubfrei bleiben.

HÄNGENDE BLÄTTER

Dies kann von zu viel oder zu wenig Wasser, aber auch von einem Schock wie Umstellen oder Umtopfen herrühren.

RETTUNG *Zwischen dem Wässern die obersten 5 cm Substrat komplett austrocknen lassen. Im Winter wenig gießen. Muss die Pflanze umziehen, stellt man sie im Verlauf einer Woche nach und nach an ihren neuen Standort.*

BRAUNE ODER SCHWARZE BLATTFLECKEN

Die Blattfleckenkrankheit, verursacht durch Bakterien oder Pilze

RETTUNG *Befallene Blätter sorgfältig entfernen und für eine ausgewogene Düngung sorgen, um die Pflanze zu stärken (siehe S. 28–29).*

GELBE BLÄTTER

Wenn nur die unteren Blätter gelb werden, ist das normal. Verfärben sie aber an der ganzen Pflanze, wurde vermutlich zu viel oder zu wenig gewässert.

RETTUNG *Gelbe Blätter einfach abzupfen und angemessen wässern (siehe links).*

BRAUNE BLATTSPITZEN

Dies ist vermutlich auf unregelmäßiges Wässern zurückzuführen.

RETTUNG *Pflanze häufiger wässern – immer dann, wenn die oberen 5 cm Substrat trocken sind.*

FAULENDE STÄMME

Wenn die Borke abblättert und der Stamm am Ansatz fault, wurde vermutlich zu viel gewässert. Das kann besonders im Winter vorkommen.

RETTUNG *Weniger wässern und kalte, nasse Topferde vermeiden. Sind die Schäden bereits fortgeschritten, lässt sich die Pflanze nicht mehr retten.*

ÄHNLICH BEHANDELN

KEULENLILIE
Cordyline fruticosa
Es gibt sie mit rosa, dunkelgrünen, violetten, lindgrünen, roten, gelben oder weißen Streifen. Sie braucht Temperaturen über 10 °C und verträgt Halbschatten.

ELEFANTENFUSS
Beaucarnea recurvata
Diese ungewöhnliche Pflanze speichert Wasser in ihrem Stamm, darf also nicht zu stark gewässert werden.

GLÜCKSFEDER

Zamioculcas zamiifolia

Die ungewöhnliche, aufrecht wachsende Pflanze braucht kaum Pflege und verträgt auch einmal längere Durststrecken.

OPTIMALE PFLEGE

STANDORT
Ganzjährig in einem warmen Raum bei 15–24 °C stehen lassen. Die Glücksfeder verträgt auch trockene Luft.

LICHT
Für besten Wuchs hell stellen, aber pralle Sonne vermeiden. Sie toleriert aber auch weniger Licht.

WÄSSERN UND DÜNGEN
Substrat ganzjährig leicht feucht halten und zwischen dem Wässern die oberste 5-cm-Schicht des Substrats austrocknen lassen. Nasse Topferde vermeiden. Im Frühjahr und Sommer monatlich düngen.

SONSTIGE PFLEGE
Laub hin und wieder mit einem sauberen, feuchten Tuch abwischen, damit es glänzend bleibt und genug Licht bekommt.

ALARM! (siehe S. 24–27) Kann sich **Wollläuse** und **Rote Spinnmilben** einfangen.

GELBE BLÄTTER

Pflanze wurde zu stark gewässert oder steht in nassem Substrat. Das kann zu Wurzelfäule führen.

RETTUNG *Substrat austrocknen lassen. Falls die Pflanze sehr schlecht aussieht, auf Wurzelfäule, also braune, weiche Wurzeln, überprüfen. Geschädigte Stellen entfernen und umtopfen (siehe S. 28–29).*

BLÄTTER FALLEN AB

Vielleicht wurde die Pflanze durch ein Umstellen an einen anderen Platz – etwa von einem schattigen an einen sonnigen Standort – geschockt. Auch kann das Substrat zu nass oder zu trocken sein.

RETTUNG *Allmählich an den neuen Standort gewöhnen. Substrat überprüfen und ggf. Gießgewohnheiten ändern.*

BRAUNE FLECKEN AUF DEM LAUB

Ursache: Sonnenbrand

RETTUNG
Pflanze aus der vollen Sonne nehmen.

ÄHNLICH BEHANDELN

JAPANISCHER SAGOPALMFARN
Cycas revoluta
Dieses lebende Fossil gibt es schon seit der Zeit der Dinosaurier.

GLÜCKSKASTANIE
Pachira aquatica
Sie wird oft mit geflochtenem Stamm verkauft.

REGISTER

ÜBER DIE AUTORIN

Veronica Peerless ist ausgebildete Gartenbauingenieurin und -gestalterin, erfahrene Autorin und Redakteurin. Derzeit arbeitet sie als Chefredakteurin der Zeitschrift *Gardens Illustrated*, nachdem sie zuvor als Autorin für gardenersworld.com und Lektoratsassistentin für *Which? Gardening* tätig war. Ferner hat sie Beiträge für *The English Garden*, *Garden Design Journal* und *Telegraph Gardening* verfasst. An dem Buch *The Gardener's Year*, das bei DK erschienen ist, hat sie als beratende Gartenbauexpertin mitgewirkt.

DANK UND BILDNACHWEIS

Durch den Autor: Ich danke Christian King für seine Unterstützung und die unzähligen Tassen Tee, während ich dieses Buch schrieb.

Durch den Verlag: DK dankt Jane Simmonds für das Korrektorat und Vanessa Bird für die Erstellung des Registers. Weiter danken wir houseofplants.co.uk für die freundliche Genehmigung zum Fotografieren der Pflanzen – Bogenhanf, Rotblättriger Philodendron, Bergpalme, Kroton, Osterkaktus, Geigen-Feige, Glückskastanie, Guzmania, Hasenpfotenfarn, Baum-Philodendron, Porzellanblume, Kentiapalme, Glücksbambus, Binsenkaktus, Bergpalme, Schwiegermutterzunge, Gerandeter Drachenbaum, Glücksfeder und mehrere andere Gewächse, die es nicht in die Endversion des Buchs geschafft haben. Die Calandiva wurde von Katherine Scheele Photography fotografiert.

Erstausgabe 2017
Lektorat Mary-Clare Jerram, Dawn Henderson, Toby Mann
Gestaltung und Bildredaktion Marianne Markham, Alison Gardner, Rehan Abdul, Karen Constanti

Bildnachweis: Der Verlag dankt folgenden Personen und Institutionen für die freundliche Genehmigung zum Abdruck des Bildmaterials:
(Abkürzungen: o = oben, u = unten, m = Mitte, l = links, r = rechts)

44–45 Dreamstime.com: Andreadonetti (m). **53 Dreamstime.com:** Slyadnyev Oleksandr (l). **100 Dreamstime.com:** Olga Miltsova (mru). **118–119 Shutterstock.com:** AHatmaker (m)

HINWEIS ZUR TOXIZITÄT

Manche Zimmerpflanzen sind bei Verzehr oder Kontakt mit Haut, Augen oder Schleimhäuten gesundheitsschädlich für Mensch und Tier. Weitere Informationen erhalten Sie unter anderem auf www.gizbonn.de oder www.giftpflanzen.com. In dringenden Fällen wählen Sie den Giftnotruf in Ihrer Nähe. Die Nummern sind auf den genannten Websites angegeben.

DK London / Delhi

Lektorat
Katie Cowan, Charlotte Beauchamp, Alastair Laing,
Ruth O'Rourke, Ankita Gupta, Saloni Singh

Gestaltung und Bildredaktion
Maxine Pedliham, Neha Ahuja Chowdhry, Manish Upreti,
Rajdeep Singh, Nityanand Kuma, Pushpak Tyagi, Malavika Talukder

Umschlaggestaltung
Abi Gain

Herstellung
Tony Phipps, Rebecca Parton, Balwant Singh, Pankaj Sharma

Illustrationen Debbie Maizels
Fotos Will Heap
Zusätzliche Texte Alice McKeever

Für die deutsche Ausgabe:
Projektbetreuung Manuela Stern
Herstellungskoordination Claudia Rode
Herstellung und Covergestaltung Claudia Bürgers

Titel der englischen Originalausgabe:
How not to kill your houseplant

Übersetzung Reinhard Ferstl
Lektorat Dr. Bettina Gratzki, Christine Ritter

ISBN 978-3-8310-5084-0
5902-337005-23677-01

Druck und Bindung C&C Offset Printing, China

MIX
Papier | Fördert gute Waldnutzung
FSC® C018179

www.dk-verlag.de

Hinweis
Die Informationen und Ratschläge in diesem Buch sind von der Autorin und vom Verlag sorgfältig erwogen und geprüft, dennoch kann eine Garantie nicht übernommen werden. Eine Haftung der Autorin bzw. des Verlags und seiner Beauftragten für Personen-, Sach- und Vermögensschäden ist ausgeschlossen.

Noch mehr Spaß und Lesefreude

ISBN 978-3-8310-4995-0

ISBN 978-3-8310-5002-4

ISBN 978-3-8310-4998-1

ISBN 978-3-8310-4926-4

DK

www.dk-verlag.de